Manfred Klett

Das Organismusprinzip in den Naturreichen, im Menschen und in der Landwirtschaft

Manfred Klett

Das Organismusprinzip in den Naturreichen, im Menschen und in der Landwirtschaft

Verlag am Goetheanum

edition freie hochschule
Sektion für Landwirtschaft

Der Verlag am Goetheanum im Internet:
www.goetheanum-verlag.ch

Bevollmächtigter in der EU im Sinne des Artikels 16 Absatz 1
der Verordnung zur allgemeinen Produktsicherheit GPSR:
ATHENA Verlag e.K., Mellinghofer Straße 126, 46047 Oberhausen,
info@athena-verlag.de

Satz: ATHENA Verlagsdienstleistungen, Oberhausen
Umschlag: Wolfram Schildt, Berlin
Druck und Bindung: Majuskel Medienproduktion GmbH, Wetzlar

ISBN (Print) 978-3-7235-1781-9
ISBN (E-Book) 978-3-7235-1782-6

Inhalt

Zum Begriff des Organismus

Das materialistische, nur auf die sinnlich-physische Körperlichkeit gerichtete Denken kann den Begriff des Organismus nicht fassen. Es erscheinen nur Teile, die gesamtheitlich zu einem Körper gehören. Man findet in den Teilen keine ursächliche Veranlassung, sich gesamtheitlich zu diesem oder jenem Körper zusammenzuschließen. Wie also kann man sich der Ganzheitlichkeit, wie dem Begriff des Organismus nähern? Zu diesem Ziel muss man den Denkblick auf die aufeinander aufbauenden Naturreiche und, über diese hinaus, auf den Menschen richten. Auf diesem Weg gewinnt der Organismusbegriff zunehmend Konturen, um schließlich im Menschen seine Vollendung zu finden. Auf diesem Hintergrund lässt er sich allgemein folgendermaßen charakterisieren: Der Organismus hat zu seinem Ausgangspunkt einen Keim, der ein Unoffenbares einschließt. Sobald dieser Keim seine Entwicklungsbedingungen findet, offenbart sich sein Unoffenbares in fließenden Übergängen zu Stadien seiner Entfaltung in die sinnliche Wahrnehmbarkeit. Das Unoffenbare offenbart sich abbildlich in Stufen im Strom der Zeit. In Vollendung erscheint der Organismus dann, wenn er sich nach außen eine Gestalt gibt und sich nach innen in Organe gliedert. Die unoffenbare, wesenhafte Kraft schafft nicht nur in Bezug auf die Gestalt und die Welt der Organe ein Außen und Innen, sondern die Organe selbst zeigen eine Formseite nach außen und eine Tätigkeitsseite nach innen, welch letztere mit den Funktionen aller Organe kommuniziert. Im Organismus wirken die bildenden und gestaltenden Kräfte aus einem Wesensquell, der unoffenbar Herrscher über Leben und Tod des leiblichen Organismus ist. Der Organismus altert und stirbt; er erneuert sich in seiner Raum- und Zeitgestalt durch reproduktive Keimeskräfte.

Wie erfüllt sich der Organismusbegriff im Mineralreich?

Mit Blick auf die anorganisch-leblose Natur des Mineralischen findet sich in ihr keines der oben genannten Kriterien verwirklicht. Wenn man von den Fossilien der Vorzeit absieht, ist der einzige Anklang, der auf ein rezentes Bildungsgeschehen aus Keimeszuständen deuten könnte, der aus dem Chaos amorpher kolloidaler Zustände in den Böden sich vollziehende Prozess der Neukristallisation der «sekundären Tonmineralien». Sie bilden einen Zwischenzustand zwischen Form und Stoff – sie sind physiologisch aktiv, altern – im übertragenen Sinne gesprochen – und gehen in dauerhaftere kristalline Formzustände über oder verwittern in kolloidale Chaoszustände. Die Wurzeln der Pflanzen gehen mit ihren Wurzelhaaren – lebendige, kolloidale, atmungs- und sorptionsaktive Ausstülpungen der Wurzelhaare – Verbindungen mit den Tonmineralien ein. Zieht man junge Pflänzchen aus dem feinkrümelig-lockeren Boden heraus, bleiben Tonteilchen dicht besetzt an den Wurzeln haften. Sie sind in das Lebensgeschehen der Pflanzen einbezogen.

Im Großen und Ganzen treten uns die Erscheinungen des Mineralreiches in den physischen Zuständen der «Elemente», des Festen, des Flüssigen, der Luft und der Wärme entgegen. Diese Zustände erscheinen in der festgefügten Form der Gesteine, der geronnenen Ordnung der Kristalle sowie in den bewegten Formen des Flüssigen, im strömenden Fluss, der Meereswoge oder dem ruhenden Teich. Die durchsichtige Luft wird direkt wahrnehmbar durch die Druckempfindung des Windes, oder sie erscheint indirekt, zum Beispiel durch die bewegten Blätter oder die dahinziehenden Wolken. Ganz anders die Wärme, die sich formhaft durch ein Mehr an Wärme ausdehnt und durch ein Weniger zusammenzieht. Die genannten Formzustände lösen sich vom Element des Festen gegen die Wärme hin in kraftende Bewegung auf, bis dahin, dass die Wärme im Erhitzen des Festen dieses in die flüssige Form überführen kann, oder das Flüssige in den Zustand des Luftförmigen, des Gases. Umgekehrt kann durch Abwesenheit von Wärme, durch Kältewirkung, Luftförmiges in Flüssiges oder dieses zu Eis verdichtet werden. Alle Bildungen und Umbildungen der Formzustände im Mineralreich sind chemisch-physikalischer Natur und vollziehen sich durch externe Kräftewirkungen (Abb. 1).

Das Mineral – ein Exkurs in die anthroposophische Geisteswissenschaft

Die anthroposophische Geisteswissenschaft enthüllt Wesen und Genese des Mineralreiches, der Welt der Gesteine.[1] Diese ist aus früheren Lebenszuständen der werdenden Erde in Form und Substanz als tote, anorganische Gebilde, gleichsam als Leichnam herausgefallen. Das Mineral präsentiert sich der sinnlichen Anschauung rein als «physischer Leib» (Abb. 1), in Komposition und Struktur ist es ein physisches Abbild einstiger universeller Lebensvorgänge. Der Träger dieses einstigen Lebens, der «Ätherleib» des Minerals (Abb. 1), lebt in der untersten der 3 übersinnlichen Welten, in der elementarischen Welt des «Astralplans» (3. Hierarchie), die bis gegen die Sonne reicht und die Planetensphären umfasst. Aus diesen Sphären und der Sonne strömen die Ätherkräfte zur Erde und «umspülen» die Minerale in ihren Formen von außen.

Die Formen der Gesteine, der Kristalle in ihrer Überfülle sind das Werk einer Wesenswelt, die dem unteren Devachan angehört. Diese Weltensphäre steht über der elementaren Welt des Astralplans. Sie umfasst die 3 Wesensgruppen der 2. Hierarchie, der «Geister der Weisheit, der Bewegung und der Form». Sie haben ihren Sitz in der Sonne, und dort findet die Geistesforschung auch den Astralleib der Mineralien. Die Wirksamkeit der Wesenheiten der Sonnensphäre durchdringt die planetarisch-elementarischen Sphären und wird im Abbild zum «Werk» in der sinnlich-gegenständlichen Welt. Die Wirksamkeit der Geister der Form verleiht allem Werdenden im Abbild Gestalt, lässt es in die Form, in das Werk gerinnen. Die Mannigfaltigkeit der Formen – auch Farbabgrenzungen der Mineralien – ist wie ein Abdruck ihres in kosmischen Höhen ruhenden Astralleibes.

Der physische Leib der Minerale steht in direktem Bezug mit den Schöpferwesen des «oberen Devachans», der «Throne» der 1. Hierarchie.[2] In dieser Wesensgruppe findet sich die «Gruppenseele oder das Ich» der Welt der Mineralischen. So heben sich in dreifacher Stufung die Wesensglieder der Minerale herauf in die genannten übersinnlichen Welten. Dieses Ergebnis der Geistesforschung weitet den Blick für ein tieferes Verstehen für die schier unendliche Form- und Substanzvariabilität der Gesteinswelt und ihrer kristallinen Komposition. Ein solches sich in die übersinnlichen Geistwelten erweiterndes Blickfeld kann in der sinnlichen Anschauung der Mineralnatur ein geistig-moralisches Empfinden wecken. In jedem Stein, ja Sandkorn kann der physische Abdruck eines Wesensgliedes gesehen werden, das sich übersinnlich im Makrokosmos mit Äther- und Astralleib zur Ganzheit eines Organismus vereinigt, ja mit Gruppenseele zur keimhaften Veranlagung einer Individualität.

Das Zentrum dieser Bildung ist gewissermaßen peripher. Im Zusammenhang mit der anorganischen Stoffeswelt kann man nur von einem System von Kräften sprechen, die aus einer externen Ursache externe Wirkungen hervorbringen. Der Organismusbegriff charakterisiert sich aber dadurch, dass ein Innenwesen sich den peripheren Außenwirkungen anverwandelt.

Beim Mineralreich ist der Systembegriff angemessen. Er erlaubt in punktueller Anschauungsweise definitive und damit berechenbare Aussagen. Die Naturgesetze, die sich im Beziehungszusammenhang der Elementenzustände zum Ausdruck bringen, sind final. Sie lassen sich gedanklich abstrahieren und beliebig zu neuen, in der Natur nicht vorhandenen Systemen zusammensetzen. Daraus resultieren die technische Mechanik, die Regeltechnik sowie die Chemotechnologien im weitesten Sinn, wie die Synthese von Bioziden (Herbizide und Pestizide etc.), die Chemopharmazie, Kunststoffe u. v. a. m.

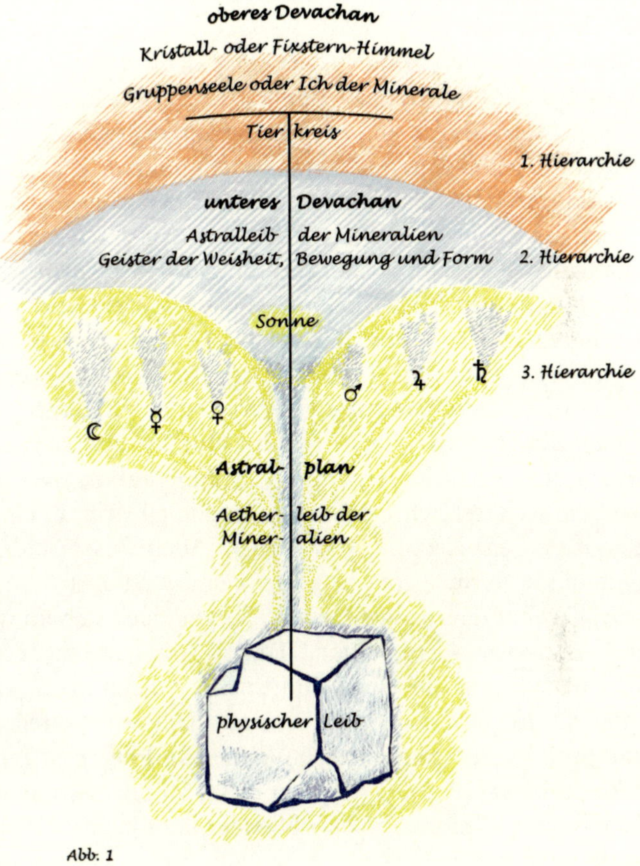

Abb. 1 Die Beziehung des Minerals zu Leben, Seele und Geist

Wie erfüllt sich der Organismusbegriff im Pflanzenreich?

Mit dem Systembegriff, das heißt mit der mathematischen Verarbeitung einer Summe von Daten, lässt sich die Erscheinungswelt des Pflanzlichen nicht erfassen, so sehr auch die materialistische Denkungsart diesen Glauben hegt. Doch auch mit dem Organismusbegriff hat es seine Schwierigkeit, wenn man streng den Sinneserscheinungen folgt. Was sich diesen darbietet, ist eine Folge von Erscheinungen, die sich im Strom der Zeit in Übergängen nacheinander offenbaren. Jede dieser Erscheinungen steht für sich als Einzelne da und gibt begrifflich nur über das Gewordene Auskunft, nicht über das Werdende. Es gibt Samenkörner, die sich formhaft kaum von einem Sandkorn unterscheiden. Die Anschauung des Pflanzensamens mit seiner unscheinbaren Außenhülle liefert keinen Hinweis auf das Unoffenbare in ihm. Legt man einen Samen dagegen in feuchte Erde, vergrößert er im Gegensatz zum Sandkorn sein Volumen durch Wasseraufnahme. Im Quellen offenbart sich in einem ersten Schritt regsam ein in ihm Verborgenes und alsbald ein weiterer Schritt: Die Samenschale bricht an einem Ende auf und der Keimling tritt hervor. Auch dieses Stadium ist eine bloße Formerscheinung, die keine Auskunft darüber gibt, was weiter daraus werden soll. So offenbart sich im weiteren Verlauf des In-Erscheinung-Tretens von Stadium zu Stadium – nach unten die Wurzel im Erdreich, nach oben Stängel und Blattfolge in Luft, Wärme und Licht – in Stufen der Metamorphose dasjenige, was im Samen verborgen angelegt war. Zur großen Überraschung tritt dieses Unoffenbare in den aufbrechenden Blütenknospen vollendet hervor. In abermals veränderter Farbe und Form, organhaft zusammengedrängt, erscheint die Blüte. Mit der aufstrahlenden Blüte und den ihr vorausgegangenen Entwicklungsstadien enthüllt sich nach außen zum Abbild dasjenige, was als wesenhaftes Urbild geistig als Form im Samen verborgen war.

Bliebe man bei der Betrachtung der Pflanze bei der bloßen Abfolge der Sinneserscheinungen stehen, setzte man sich der Gefahr aus, die Pflanze als zusammengesetztes System aufzufassen. Das ist der Fall, wenn man die makroskopischen Sinneserscheinungen für subjektiv erklärt und den mikroskopischen Zellenaufbau oder das Genom der Einzelzelle und deren Funktionen allein als das objektiv Wirkende. Beides jedoch sind Formerscheinungen nur auf verschiedenen Ebenen, wobei an das Letztere sich modellartige Vorstellungen knüpfen, die das Systemdenken auf die belebte Natur übertragen.

Das Unoffenbare, aus dem die Erscheinungen nach und nach hervorgehen, hat zwei schöpferische Quellen. Die eine, die irdische, ist der Same, in welchem gleichsam zusammengezogen auf einen Punkt «geistig die Form der Pflanze»[3] lebt. Aus ihr reproduziert sich Gattung, Familie und Art der Pflanze zu immer neuer Erscheinung in der Folge der Generationen. Die zweite Quelle ist der außerirdische Kosmos, die Sonne, Planeten und Fixsterne. Deren Kräfte bringen die in sich ruhende geistige Pflanzenform im Samen in Bewegung. Der erste Bewegungsschritt geschieht mit der Keimung durch die Mondenkräfte in Verbindung mit dem Element des Wässrigen im Irdischen. Sobald der Keimling ergrünt, sind es die Sonnen- und Planetenkräfte, die über die Elemente von Luft und Wärme die wachsende Pflanze wie nur von außen berühren und mit den peripher von unten heraufströmenden gelösten Salzen der Erde physiologische Lebensprozesse auslösen, die in die Formen der sich entwickelnden Pflanzengestalt gerinnen. Kosmos und Erde müssen zusammenwirken, wenn die geistige Form der Pflanze, ihr Urbild, zum Abbild in der physisch-sinnlichen Gestalt werden soll.

Die alles beherrschende Macht im Werden der Pflanze liegt verborgen in den Strahlen der Sonne, und dies in doppeltem Sinn:

Zum einen dringen die Sonnenstrahlen lebenerzeugend in die ergrünenden Blätter ein und saugen aus diesen über die Wurzel, entgegen der Schwere, den irdischen Salzstrom nach oben. Dabei überwindet die Pflanze stufenweise in der Blattfolge des Stängels die Eigengesetzlichkeit der Erdenstoffe und gliedert diese in die Lebensprozesse ein. Das Licht der Sonne erst ist es, welches in der Pflanze den Erdenstoff aus seiner Bannung in den Raum in das prozessuale Geschehen in der Zeit erhebt. Das Sonnenlicht schafft aus dem Unoffenbaren von Erde und Kosmos als Synthese das in die Sichtbarkeit tretende, in stetem Formenwandel sich darbietende Pflanzenwachstum.

Zum anderen sind im Sonnenlicht Kräfte noch anderer Art aus dem planetarischen Sonnenkosmos wirksam. Sie wirken nicht physiologisch die Stoffe auf-, um- und abbauend in den Lebensprozessen, sondern kompositionell formend nach der Vorgabe der urbildlichen Form der Pflanze. Sie dringen nicht in das Stoffesgeschehen der Pflanze ein, sondern berühren sie gleichsam nur von außen. Sie geben der Pflanze in Wurzel, Stängel, Blattfolge und Blüte ihre Gesamtgestalt. In gleicher Weise prägen sie jegliche Zelle im Verhältnis zu ihrer Funktion im Ganzen der Pflanze, so beispielsweise die Komposition und Form der Eiweiße, Kohlehydrate, die Färbung, die Geruchsstoffe etc. Die tastende Geste der bloßen Berührung der Pflanze zeigt sich bei den Früchten, zum Beispiel in deren feinem Flaum, oder der intensiveren Färbung des Apfels bei direkt auftreffenden Sonnenstrahlen. Will man bei der Pflanze von einem Organismus sprechen, erfüllt sich dieser Begriff erst, wenn man den Blick auf das Wesenhafte des Kosmos sowie auf die im Sonnenlicht wirksamen Kräfte richtet. Erst in der sinnlich-übersinnlichen Zusammenschau entsteht das Bild einer Einheit. Die Pflanze ist in ihrer Raum-Zeitgestalt Bild einer wesenhaften Ganzheit, die sich durch Kräfte bildet, die von außen nach innen wirken. So bringt das kosmische Wirken das im Samen vorgebildete Form-Urbild in der sinnenfälligen Gestalt der Pflanze restlos als Abbild zur Entfaltung.

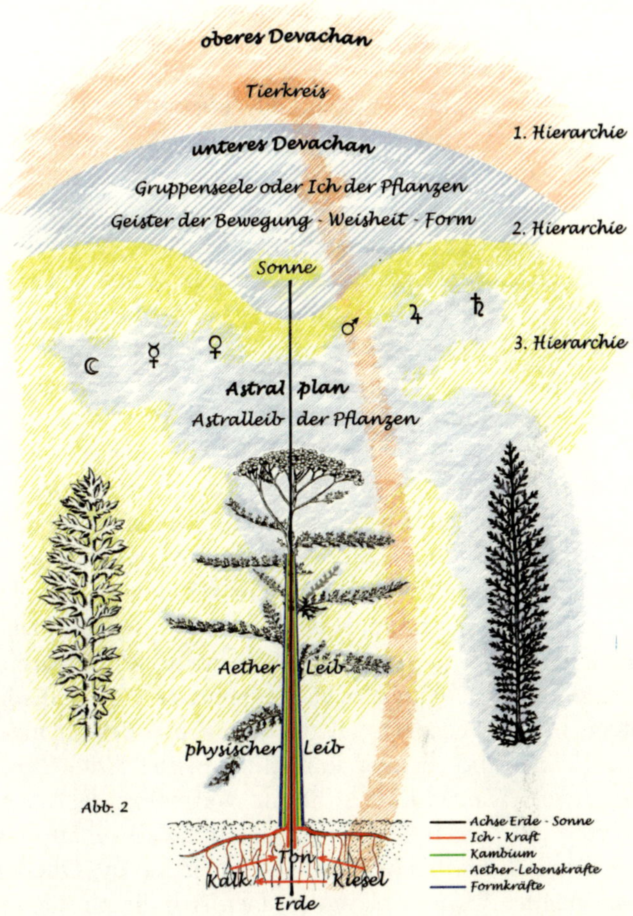

Abb. 2 Die Beziehung der Pflanze zum Physischen, zu Leben, Seele und Geist

Die Pflanzen – ein Exkurs in die anthroposophische Geisteswissenschaft

Das rein physischen Gesetzen unterliegende Mineral offenbart im irdisch-sinnlichen Kleid das Wirken der Throne, des untersten Gliedes der 1. Hierarchie.[4] Die Pflanze ist zusätzlich zu ihrem zu einer 2. Entwicklungsstufe fortgeschrittenen physischen Leib mit einem Äther- oder Lebensleib begabt – eine Schöpfung der Geister der Weisheit, des ersten Gliedes der 2. Hierarchie (ebd.); diese überstrahlen zusammen mit den Geistern der Bewegung und der Form überhaupt das ganze Dasein der Pflanzenwesen auf Erden. Nicht nur sind es das weisheitsvolle Zusammenwirken aller Lebensvorgänge, nicht nur die Bewegung der auf- und absteigenden Säfte sowie – in Zusammenhang mit den Planeten – die Bewegungen der spiralig am Stängel sich hinaufwindenden Blätter, sondern es sind die Formen von Wurzel, Stängel, Blatt und Blüte, die die Pflanze zum Abbild ihres physischen und Ätherleibes machen. Dieser ist übersinnlich und bildet mit den ihm zuströmenden Ätherkräften von der Sonne, den Planeten sowie aus den elementarischen Reichen an der Erscheinung der Pflanze. Die Kräfte des Lebendigen, gleichsam gebündelt im Sonnenlicht, dringen in die Lebensvorgänge der wachsenden Pflanze, in deren Zellgewebe ein und konfigurieren die Stoffe der Elemente (Erde, Wasser, Luft/Licht und Wärme) zu der belebten, bewegten, Formen bildenden und umbildenden Pflanzensubstanz. Beim Auftreffen der Sonnenstrahlen auf die Oberfläche des grünenden Pflanzenblattes trennen sich die physiologisch Substanz bildenden Kräfte von den mit den ebenfalls mit dem Sonnenlicht einstrahlenden Formkräften. Diese gestalten nicht nur die Formen des äußeren Erscheinungsbildes der Pflanze, sondern, so darf man annehmen, ebenso die Hautabgrenzungen der Pflanzenzellen, die Jahresringe der Bäume etc.

Die Pflanze besitzt kein ihr eigenes Innenleben; sie ist ein in Formen gehaltenes, strömendes Leben. Die formenden Kräfte strömen ihr von der Sonne zu (2. Hierarchie, Abb. 2). Sie modifizieren sich durch den «Astralleib» der Pflanzen, der in der elementarischen Welt, der Sphäre der 3. Hierarchie, sein Geistesdasein hat. Der «Astralleib» ist bei jedem Wesen dasjenige, was den Impuls gibt zur Bewegung»[5]. Er ist der Bewusstmachende.

Die höheren hierarchischen Wesen wirken mit ihren Kräften nicht direkt auf die Pflanzen. Sie entfalten ihre Wirksamkeit durch «Boten», die 4 Gruppen der «Elementarwesen». Sie sind in ihrer Entwicklung zurückgehaltene Wesenheiten. «Sie bilden sich, indem sie gleichsam unregelmäßige, abgeschnürte Teile von Gruppenseelen sind.»[6] Jede dieser Gruppen ist wesenhaft mit einem der 4 Elemente und dessen spezifischer Stofflichkeit verbunden. Gemäß den lebensgesetzlichen Vorgaben des Ätherleibes bauen sie Beziehungsbrücken zur physischen Stoffeswelt. Diese Beziehungsverhältnisse sind, z.B. im Bau und den Lebensfunktionen von Wurzel, Blatt, Stängel, Blüte und Samen wie hineingebannt und lösen sich aus dieser Fesselung wieder beim Welken und Vergehen der Pflanzen. So unterliegt das Verhältnis der Lebensprozesse des Wachsens zur gerinnenden Gestaltbildung einer steten Metamorphose. Dieses Phänomen zeigt beispielsweise eindrücklich die stark von Formkräften beherrschte «tausendblättrige» Schafgarbe (Achillea millefolium). Ihre Blattspreite ist nicht flächig geschlossen, sondern löst sich beiderseits des Blattstiels in viele einzelne Speerschäfte, die mit mehreren Speerspitzen besetzt sind. Es scheint, wie wenn das Stängelprinzip über den Blattstiel die ganze Blattspreite ergreift. In den unteren Blättern (Abb. 2, links) sind die Speerschäfte und ihre Spitzen stark sukkulent, voll quellenden Lebens, doch wenig höher in der Blattfolge (Abb. 2, rechts) überwältigen die Formkräfte das Quellende und ziselieren die Speerschäfte und ihre Spitzen in feinen Konturen aus.

Beide Kraftquellen, die Leben bildende und die formende, strömen der mit ihrem eigenen Lebensleib begabten Pflanze aus der Sonnensphäre zu, und so noch eine dritte Kraftquelle, diejenige der Gruppenseele der Pflanzen. Deren Strahlung verleiht der in der Erde wurzelnden Pflanze ihre Aufrechte, die Ausrichtung von Wurzel, Stängel und Fruchtknoten in der Achse Erde–Sonne. Diese Strahlung strömt den Pflanzen aus dem Kosmos nicht direkt zu, sondern indirekt über die Erde, über Quarz-Kiesel und die Silikate.[7] Die Strahlung des Fixsternkosmos empfängt der Quarz-Kiesel und strahlt sie zurück. Die silikatischen Tonminerale nehmen sie auf, bewahren und vermitteln sie den Wurzeln der Pflanzen. Das Verhalten des Kalks in diesem Zusammenhang vergleicht Rudolf Steiner «mit der menschlichen Begierdenwelt»; der Kalk, «er will alles an sich reißen, [...] was in der Pflanze lebt». Der Quarz-Kiesel «ist der vornehme Herr, der gar nichts will», er «entreißt es dem Kalk». «Der Ton vermittelt zwischen beiden.»[8] Was die silikatisch-kristallinen Strukturen des Tones vom Kiesel als kosmische Strahlung aufnehmen und über die Wurzel der heraufwachsenden Pflanze als Aufrichtekraft vermitteln, kennzeichnet Rudolf Steiner mit den Worten: «Aber was man erst wissen muss, ist, dass [alles Tonige] der Förderer der kosmischen Aufwärtsströmung ist.»[9] Dies manifestiert sich in dem Salz-Wasserstrom (Xylem), der gegen die Zentralachse des Stängels aufsteigt und durch die «Leichte» des Ätherischen sich der Schwere des Irdischen entwindet[10] (Abb. 2, rot). Dem Aufwärtsstrom des Xylems folgt gegen die Peripherie des Stängels der Mantel des hauchdünnen, immergrünen, belebten Kambiums (Abb. 2, grün). Man kann in ihm abbildlich eine Manifestation des Urbildes des Pflanzentypus bzw. der Gruppenseele vermuten. An das Kambium schließt der absteigende Assimilatestrom an, das Phloem, das die Wurzel in die Tiefe, in das Dunkel der Erde wachsen lässt (Abb. 2, gelb). Schließlich umschließt die Aufrechte eine Formhülle, eine verkieselte Haut wie bei den Gräsern (Getreide) oder eine kalkreiche Rinde (Borke) wie bei der Eiche (Abb. 2, blau).

In all ihrer in Weisheit gewobenen Lebendigkeit, ihres

bewegten metamorphosischen Wandels und ihrer Vielgestaltigkeit nähert sich die Pflanzenwelt der Erfüllung des Organismusprinzips an. Sie ist Bildausdruck eines wunderbaren Gleichklangs von Kosmos und Erde. Sie ermangelt aber noch des Schrittes zur Innerlichkeit!

Wie erfüllt sich der Organismusbegriff im Tierreich?

Das Tier unterscheidet sich von der Pflanze dadurch, dass das, was bei letzterer von außen, beim Tier von innen wirkt. Es ist aus seiner inneren Organisation heraus tätig, aus dem ihm innewohnenden Seelischen (Abb. 3). Das Tier bewegt sich, seinen Sinnen folgend, von Ort zu Ort, sucht sich seine Nahrung in dem, was aus dem Lebendigen Form angenommen hat – die Pflanze, von der sich das Rind ernährt –, oder aus dem Seelischen – das Beutetier, das den Wolf ernährt. Das durch die Verdauungsorgane Hindurchgegangene scheidet es aus. Sein Entwicklungsziel ist das Ausleben seines Seelischen, seiner Begierden, Leidenschaften und Triebe. Je nach Gattung und Art geschieht dies instinktiv-weisheitsvoll. In jedem Tier ist das Seelische in hohem Grad in der Gestalt des Leibes und in dessen Organen aufgegangen. Wie die Blütenpflanze im Verlauf ihres Wachstums sich mit Wurzel, Stängel-Blatt und Blüte nach außen dreifach gliedert, so ist in höherer Ausbildung dieses Prinzip der Dreigliederung im Tier von innen wirksam und offenbart sich nach außen in seiner weitgehend in sich geschlossenen Leibesgestalt. Am prägnantesten treten sowohl bei den niederen Tierformen bis zu den höchstentwickelten die zwei Pole dieser Dreigliederung in Erscheinung, das Kopf- oder Nerven-Sinnessystem und das Stoffwechsel-Gliedmaßensystem. Das vermittelnde Dritte, der vom Herzen aus dirigierte rhythmische Blutkreislauf und die im Rhythmus atmende Lunge, bildet im Tierreich keine selbstständige Mitte (Abb. 3). Diese ist in vielfacher Weise verzerrt und verschwimmt dabei entweder mehr mit dem Kopfpol (Vogel) oder dem Stoffwechselpol (Rind). Bei den Nichtsäugern, von den niederen Tieren bis herauf zur Vogelwelt, besteht die Tendenz, dass jeweils eines dieser drei Glieder die Gestaltungsmacht über den Leib gewinnt. Zum Beispiel ist bei den Würmern (Regenwurm) das Nerven-Sinnes- und rhythmische System – die Gliederung der Leibessegmente – vollkommen der Stoffwechselfunktion des langen Darmschlauches untergeordnet. Anders verhält es sich bei den Fischen; hier dominiert das rhythmische System alle Leibesfunktionen vom Kopf bis zur Schwanzspitze, so die rhythmische Anordnung der Gräten und Schuppen. Der Bau des Leibes der Fische steht, wie auch der der Schlangen, im Dienste einer ins Physische geronnenen rhythmischen Leibesbeweglichkeit. Ein wieder anderes Extrem der Vereinseitigung stellt die Vogelwelt dar, besonders auffällig bei den Singvögeln. Sie sind ganz Kopf. Alle Leibesfunktionen drängen sich im Kopf zusammen. Die rhythmisch bewegten Flügel mit ihrem Federkleid verschmelzen mit dem Kopf, ebenso die Funktionen des Stoffwechsel-Gliedmaßensystems, zum Beispiel in der Nickbewegung des Kopfes beim Laufen und Picken, dem Sammeln der Nahrung im Kropf, wie auch der überaus raschen Verdauungstätigkeit.

Erst mit den Säugetieren polarisiert sich die Nerven-Sinnestätigkeit, zentriert im Kopf, mit der der Stoffwechsel-Gliedmaßenorganisation. Das rhythmische System löst sich gradweise aus der Gebundenheit an die beiden Pole und wird zum Träger eines an die Wahrnehmung der Sinne gebundenen, dumpfen seelischen Erlebens. Diese Wahrnehmungen sind entweder gebunden an die wachen Sinne des Kopfpols, das sehende Auge, das hörende Ohr, die riechende Nase, oder an die mehr unterbewussten Sinne des Stoffwechsel-Gliedmaßenpoles, an den Tast-, Lebens-, Eigenbewegungs- und Gleichgewichtssinn. Im ersteren Fall haben wir es mit Säugetieren zu tun, deren Kopf sich über die Horizontale des Rückgrats erhebt, zum Beispiel das die Ohren spitzende Pferd, das äugende Reh. Senkt sich aber der Kopf unter diese Horizontale, wie beispielsweise bei den grasenden Wiederkäuern, sind sie mehr den dumpfen Leibessinnen hingegeben. Im Wiederkauakt heben sie dann den Kopf über die Horizontale des Rückgrats und besinnen mit konzentriertem, traumwachem Blick das in den Vormägen und schließlich im Pansen vorverdaute Futter.

Im Zuge der Evolution des Tierreiches hat sich das in der Urzeit umfassende Seelische der Tierheit mehr und mehr zersplittert in die unzähligen Gattungen, Familien und Arten etc. Jeder «Seelensplitter» hat sich einen eigenen hochspezialisierten Leib geschaffen, dessen Tätigkeitsprofil weitgehend ohne Freiheitsgrade leiblich vorgebildet ist. Gleichgültig, ob Wurm, Käfer, Fisch, Vogel oder Säugetier – alle Tiere besitzen ein beseeltes Inneres, das den Leib zu einem Organismus bildet und diesen allseitig mit einer Haut umschließt, eine Ganzheit, die sich variantenreich in die drei genannten Organsysteme gliedert. In jedem Vertreter des Tierreiches realisiert sich das Organismusprinzip im Irdischen. Das Studium der Morphologie und Physiologie seiner drei Organsysteme gibt Auskunft über das funktionelle Beziehungsverhältnis zu dem hochspezifischen Seelischen, das den Organismus zu einer Ganzheit formt. Das Organismusprinzip realisiert sich im Tierreich und erschöpft sich weitgehend in dessen unzähligen Formgestaltungen. Von den Tieren abgesehen, die sich als «Haustiere» vor Zeiten wesenhaft dem Menschen zugewandt haben, sind alle Tierarten, von den Einzellern bis zu den Säugetieren, in ihrer Begierden- und Triebnatur auf ihre inneren und äußeren Organe fixiert. Durch diese treten sie zu ihrer Umgebung in Beziehung, finden oder schaffen sich ihren Lebensraum (Habitat) und erleben sich darin. Dieses Verhältnis der Begrenztheit der Tiernatur bringt Goethe in die Worte: «Das Tier wird von seinen Organen belehrt, der Mensch belehrt die seinigen und beherrscht sie.»[11]

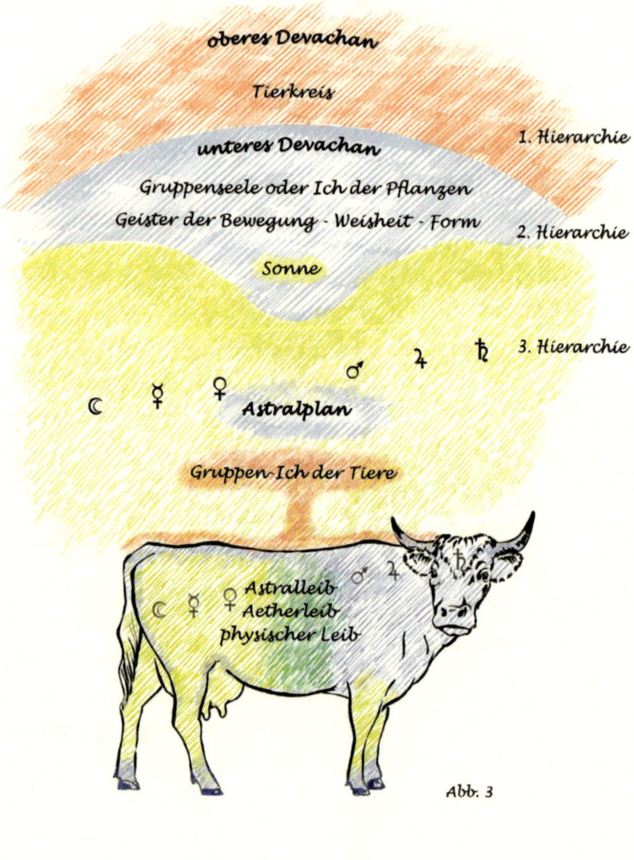

Abb. 3 Die Beziehung des Tieres zum Physischen, zu Leben, Seele und Geist

Das Tier – ein Exkurs in die anthroposophische Geisteswissenschaft

Der Astralleib, der, bei den Pflanzen vom Astralplan aus, diese formend und färbend wie von außen berührt (Abb. 2), ist beim Tier tiefer in sein physisches Dasein eingetaucht. Es prägt aus seiner Sternenherkunft – daher die Bezeichnung «Astralleib» – dem Äther- oder Lebensleib geistgeformte Bilder ein. Mit diesen kraftenden Bildern formt er, gleichsam als dessen Architekt, den physischen Leib zur Gestalt des Tieres und inwendig zu dessen Gliederung in Organe. Infolgedessen erfüllt sich die Idee des Organismus in ihrer physischen Ausgestaltung erst im Tierreich. Das Tier ist dadurch Tier, dass es Träger eines Astralleibes ist (Abb. 3); es erlebt und bewegt sich in diesem und bewegt sich durch diesen. Dieses Eigenerleben berechtigt dazu, von einer Tierseele zu sprechen. Bildekräftig schafft sie das je spezifische Kunstwerk der physischen Leibesgestaltungen der Gattungen und Arten der Tiere. In diesen Kunstwerken ist ein kosmisches Erbe in die Erdenform gebannt. Die Begierden- und Triebnatur des Tieres, in Verbindung mit den naturgegebenen Bedingungen seines Lebensraumes, bestimmen weitgehend die Vollendetheit seiner Gestalt, seines einseitigen Tätigkeitspotenzials sowie vor allem seiner Nerven-Sinnes- und Stoffwechselorganisation. Der leibliche Organismus des Tieres ist die Offenbarung einer zu Ende gekommenen Entwicklung. Das macht die Tragik des Tieres aus. Was es erlebt, ist seine immer wiederkehrende Vergangenheit.

Ein Blick auf die Sinne der Tiere und ihr Erleben:

In seiner Sinneslehre spricht Rudolf Steiner von 12 Sinnen beim Menschen. Entsprechend ihrer Folge der Vermittlung von niederen zu höheren Bewusstseinsgraden werden 4 untere, 4 mittlere und 4 obere Sinne unterschieden.[12] Vermittels seines Astralleibes erlangt das Tier ein Traumbewusstsein. Zum Wach- bzw. Selbstbewusstsein fehlen ihm die drei obersten Sinne: der Wort-, Gedanken- und Ichsinn.

Das Seelenleben des Tieres ist streng an seine Leibessinne gebunden. Sie sind Sinnestore, durch die der bewusstmachende Astralleib einerseits Eindrücke aus den tiefen Untergründen der Leiblichkeit empfängt, die nur in äußerster Dumpfheit wahrgenommen werden, und andererseits solche, die sich nach außen zur Welt öffnen. Letztere verhelfen dem Tier zum eigentlichen Traumbewusstsein. Je nach Tiergattung und Art sind es jeweils einzelne Sinne, die maßgeblich das Sein und die Tätigkeit der Tiere dominieren. Im Fall der 4 leiborientierten unteren oder Willenssinne ist das Erleben der niederen Tierformen noch stark dem pflanzenhaften Schlafbewusstsein angenähert. Kurz gefasst folgen einige Charakteristika der tierischen Sinnesorganisation: Der «Tastsinn» beherrscht beispielsweise das dumpfe Erleben des lichtscheuen Regenwurms. Er ertastet über die ganze Oberfläche seines Leibes das ihn umgebende Erdreich. Er erlebt dabei sein Sein im Zusammenhang des elementarischen Wesenselements, das im Erdig-Festen regsam ist.

Der «Lebenssinn» des Tieres schläft gewissermaßen in dem allgemeinen Seinsgefühl des Tieres in Hunger und Durst, oder z.B. im Erleben des Bussards, wenn er mit ausgespannten Flügeln bewegungslos in der Wärme des Aufwindes des sonnerhellten Tages seine Kreise zieht. Im Augenblick aber, in dem das Tier im Wohlgefühl seines Sein gestört wird, z.B. durch einen leichten Schmerz oder in der Angst einer Fluchtbewegung, wird der Lebenssinn traumhaftes Erlebnis.

Die Dominanz des «Eigenbewegungssinns» gegenüber anderen Sinnen ist im Tierreich in großer Vielfalt ausgeprägt. Man schaue auf den pfeilschnellen Zickzackflug der Schwalben, das von Zweig zu Zweig huschende, von Ast zu Ast springende Eichhörnchen. In dieser Bewegungsfähigkeit, der instinktiven Elastizität und dem Druckempfinden seiner Körperlichkeit ist unbewusst ein Sinn wirksam, der das Seinsgefühl des Tieres bestimmt.

Der 4. der unteren Sinne, der «Gleichgewichtssinn», ist bei den höheren Tieren schon kurz nach der Geburt in voller

Funktion. Er leitet schon zu den mittleren Sinnen über, indem er im Ohr ein Sinnesorgan besitzt, die drei senkrecht aufeinander stehenden Bogengänge. Dieses Organ verleiht den Tieren einen solchen Grad von Instinktsicherheit im Gleichgewichthalten, dass es ohne zwangsweise äußere Veranlassung nicht stürzt oder fällt, z. B. der Steinbock auf dem Felsvorsprung, das Pferd in der Eleganz des Schrittes, Trab und Galopps.

In den genannten 4 unteren Willens- oder Nachtsinnen lebt das Seelische der Tiere sich in dem Dunkel dumpfer Instinkte aus. In den 4 mittleren, den Gefühlssinnen der höheren Tierwelt, dämmert es herauf bis zu einem träumenden Bewusstsein. Auch dieses ist zwar leibgebunden, aber in der Art, dass die Sinnesqualitäten, die sie vermitteln (Geruch, Geschmack, Licht, Wärme), selbst an Bau und Funktion ihrer Sinnesorgane evolutiv mitgewirkt haben: «Wäre nicht das Auge sonnenhaft, die Sonne könnt' es nie erblicken.»[13] Das Seelisch-Astrale der Tiere verschafft sich mit seinen Gefühlssinnen ein breiteres Tätigkeitsfeld und damit einen ausgedehnteren Lebens- und Erlebnisraum, dessen Reviergrenze z. B. die Nachtigall besingt, das Rehwild mit Duftstoffen markiert etc.

Aufsteigend in der Folge der 4 mittleren Sinne erweitert sich das Maß gefühlsbestimmter Handlungen. Die Gattungsseele der Tiere sucht sich ihren naturgegebenen Lebensraum und schafft diesen ihrem Bedürfnis gemäß um.

Der «Geruchssinn» ist der unterste der Gefühlssinne. Er ist bei den meisten der höheren Tierarten erlebnisintensiver ausgebildet als die darüber nachfolgenden. Die seelisch-astralen Ausdünstungen der Körper regen im stärksten Maß das in die Länge gezogene, den Gesichtsschädel beherrschende Riechorgan an: Die Spürnase sagt dem Fuchs, wessen Fährte er folgt, die des Hundes riecht noch nach Tagen seinesgleichen, der Rüssel des Schweins durchriecht wühlend die Erde nach Schmackhaftem. Der Geruchsinn ist das Hauptinstrument des Tieres, durch das im Feinstofflichen der Luft das Astralisch-Geistige seiner Umgebung traumhaft sich zum Erlebnis bringt.

Der Geschmacksinn schließt dem Tier eine andere Wirklichkeit auf. Es erlebt mit der aufgenommenen Nahrung und deren Verdauung die Auflösung des Materiell-Körperhaften in den Zustand des Wässrigen. Es erschmeckt die Außenwelt und erlebt sie wesenhaft in ihrer Verflüssigung. Dieser Prozess vollzieht sich einzigartig beim pflanzenfressenden Wiederkäuer. Die Kuh ist dazu veranlagt, bis in die Tiefen ihrer 3 Vormägen hinein, vor allem im Pansen, und vollends im Wiederkauakt zu schmecken. Sie erlebt sich in schmeckender Analyse ihrer Umwelt. Das Erlebnis dieser Analyse verleiht dem Kuhmist seine hohe Düngekraft für die Erde.

Während der Geschmackssinn bis tief in das Dunkel des Tierleibes hinunterreicht, ist der Gesichts- oder Sehsinn nach außen auf die Formoberflächen der Dinge und Wesen, die Helligkeit ineinander übergehender Farben gerichtet. Man kann den Sehsinn als Farbflächensinn bezeichnen, wobei die Farbe sich selbst durch das Verhältnis von Licht und Finsternis bestimmt. Jede Formbegrenzung im gegenständlichen Wahrnehmen ist bereits eine gedankliche Bestimmung. Die Fähigkeit dazu, die Betätigung des Gedankensinnes, fehlt dem Tier. Was also nimmt das Tier durch seinen Gesichtssinn, das Auge, wahr? Es kann nur etwas sein, was zu seinem Astralleib in Beziehung steht. Das schließt jede begriffliche Bestimmung aus. Vielmehr darf und muss angenommen werden, dass die Begierden- und Triebnatur des tierischen Astralleibes sich bis in den Sehsinn und so in alle seine Sinne hinein erstreckt und unmittelbar das in dem Sinn Wirksame bewusstes Erlebnis wird. Demzufolge müsste man beim Tier nicht von «Sinneserscheinung», sondern von einem Sinnesorgan der Vermittlung bruchstückhafter geistiger Wirksamkeit sprechen. In seinen Licht-Farbwirkungen des Auges findet das Tier gewissermaßen das Ziel seiner Begierde. So gesehen, lebt das Astralwesen des Tieres gemäß seiner seelisch-leiblichen Begrenzung in direkter Wesensbeziehung mit seiner Umgebung. Daraus würde auch der weisheitsvolle Vollzug aller seiner Verrichtungen verständlich werden.

– Blickt man einem Tier in die Augen, tritt einem in Reinheit und Unmittelbarkeit ein Seelisches entgegen. Schaut man einer Kuh in das große Auge, empfängt einen aus unergründlichen Tiefen ein mild heraufträumender Blick. Tut man dasselbe bei einem Raubvogel, schreckt man schier zurück. Man glaubt, in die Unerbittlichkeit, ja Tragik einer fortlebenden urfernen Vergangenheit zu schauen. Gewiss, das sehende Auge macht das Tier einen Grad wacher und unabhängiger von seinem Leib. Und doch ist es immer nur ein Augenblick; er vergeht, ihm muss der nächste folgen und wieder vergehen usw.

Der oberste der Gefühlssinne ist der «Wärmesinn»; er fühlt Wärme-Kälte-Differenzierungen. Man kann in ihm den Sinn für die Fluktuationen des «Wärmeorganismus» sehen und «das Blut, das feinste im [leiblichen] Organismus»[14], als dessen Organ. Bei den wechselwarmen Tieren wird der Wärmesinn erst durch die äußere Wärme geweckt, z. B. beim Schmetterling, der nach der Kühle der Nacht erst mit den ersten wärmenden Sonnenstrahlen seine Flügel entfalten kann. Ebenso bei der niederen Tierwelt im Boden im Frühjahr. Bei den warmblütigen Tieren ist der Wärmesinn auf die Konstanterhaltung der Blutwärme gerichtet. In ihm erlebt das Seelisch-Astrale jede Abweichung von der Norm, ob Unterkühlung oder Fieber. Bei den einzelnen Tiergattungen ist diese köpereigene Norm verschieden hoch. In der Funktion der Aufrechterhaltung der Blutwärme ist der Wärmesinn gleichsam nach außen und nach innen gerichtet: einerseits auf die durch oxidative Verbrennungsprozesse der Nahrungsstoffe freigesetzte Außen- oder Fremdwärme, andererseits auf die «Verarbeitung» dieser Wärme durch das dem Tier innenwohnende «Weltsystem des Astralleibes»[15].

Unter den 4 höheren Sinnen des Menschen hat das Wirbeltier nur deren untersten, den Gehör- oder Tonsinn, voll ausgebildet, den nächsthöheren, den «Wortsinn» als Lautsinn, nur bruchstückhaft. Die Quelle des Tons ist Bewegung: das Geräusch eines aufschlagenden Steines, das Rauschen der

Blätter im Wind, der Hufschlag eines Pferdes, in der Hand des Menschen der Bogen, der über die Saiten der Geige streicht. Es werden in den Elementen des Physischen (Erde, Wasser und Luft) Schwingungen ausgelöst und auf der höheren, der seelennahen Ebene des Gehörsinns Töne. Man ist in der Wissenschaft der Ansicht, die Schwingung sei allein das Objektive, während der gehörte Ton das davon sich ableitende subjektive, sekundär erzeugte Phänomen sei. Beides jedoch sind Erscheinungsformen ein und desselben Bewegenden auf den verschiedenen Ebenen des Physischen und des Seelischen. Der Tonsinn verbindet beide Ebenen. Sein Organ ist bei Mensch und Wirbeltier das Ohr, tief eingebettet in den Gesichtsschädel. Wie das Auge nach außen schaut, so hört das Ohr nach innen. Beide sind sie ein auf wundersamste Weise nach physischen Gesetzen gebautes Kunstwerk, dessen Schöpfer die Bildekräfte des gestaltenden Astralleibes und des strömenden Ätherleibes sind. Das Ohr ist so gebaut, dass das unsichtbar Bewegende sich im Bewegten offenbart, das Seelisch-Astrale sich im Ton; dieser Prozess macht es verständlich, dass ein zunächst rein physischer Ablauf, von Lebensprozessen ergriffen, sich heraufverwandelnd verschwindet und das Bewegende auf höherer Ebene sinnlich-übersinnlich als Ton erscheint. Der von den Sinnesorganen der Wirbeltiere hervorgerufene Ton klingt mit seinem Astralwesen zusammen. – Hinsichtlich der Wirbellosen, der Insekten, Spinnen, Käfer usw., betreten wir eine gehör- und lautarme Welt. Das Gehör ist rudimentär entwickelt zugunsten des Geruchs und des Rundumblicks der Facettenaugen. Die Laute entstehen peripher durch Reibung auf mechanische Weise der Flügeldecken, der Beine etc. Sie entbehren der Innerlichkeit.

Mehr als alle anderen Sinne erscheint der «Lautsinn» über das ganze Tierreich wie zerstückelt. Seelensplitter einer Ureinheit treten verkörpert in den Tieren auf. Ihre Laute sind Ausdruck ihres zerstückelten seelischen Gebanntseins. Man sieht in diesen Lauten zu Recht Verständigungsmittel der Tiere unter ihresgleichen oder Warnrufe. Man kann ihren Ruf, z.B. das Trillern der Lerche, auch erweitert verstehen als eine Kundgebung an den sie vereinigenden kosmischen Ursprung. Die Verantwortung des Menschen muss darin bestehen, an jedem Erdenort eines landwirtschaftlichen Betriebes die Bruchstücke der hoch spezifischen Sinnesfähigkeiten und weisheitsvoll instinktgeführten Tätigkeiten der Haustiere und der Wildtierfauna in aller Vielfalt zu einem organischen Ganzen höherer Ordnung zusammenzuführen. Diese Ganzheit ist ein Produkt vergangenen Lebens und ein Mittel des Menschen, der Zukunft in die Hände zu arbeiten.

Das Tier hat einen Astralleib; durch ihn erlebt es sich in Graden eines träumerischen Bewusstseins. Es kommt über dieses nicht hinaus. Der Weg zur Entwicklung des Selbstbewusstseins ist ihm verwehrt. Es hat im irdischen Dasein kein Ich. Das Ich aber ist existent als «Gruppenseelen-Ich» der Tiergattungen in der an die sinnliche unmittelbar angrenzenden Sphäre der elementarisch-planetarischen Welt, dem «Astralplan», der Wirkenssphäre der Hierarchie (Abb. 3). Das Gruppen-Ich berührt das Tier nur von außen, es richtet es nicht auf, das Tier verharrt in der Horizontalen. Nur der Pol der wachen Sinne, Kopf und Hals, erhebt sich ein Stück weit über die Rückgratlinie. Dem übersinnlichen Anschauen zeigt sich laut Rudolf Steiner das Gruppen-Ich «längs des Rückgrats des Tieres etwa wie ein hell-leuchtender Streifen»[16] (Abb. 3, rot). – Mit der Geburt löst sich das Einzeltier aus seiner Gruppenseele – «es schnürt sich ab», mit dem Tod vereinigt es sich wieder mit dieser.[17]

«Aber die Tiere sind vom Weltenall auf die Erde nur hereingestellt. Sie nehmen mit ihrem dumpfen Bewußtsein an dem Irdischen teil; mit ihrem Entstehen, ihrem Wachsen mit allem, was sie sind, damit sie wahrnehmen und sich bewegen können, sind sie keine Erdenwesen. [...] Sie sind Gäste auf der Erde.»[18]

Der Mensch – eine Exkursion in die anthroposophische Geisteswissenschaft

Die Essenz dessen, was in der Natur ausgebreitet als Mineral-, Pflanzen- und Tierreich in jeweiliger Sonderung unter der Führung und Lenkung der genannten 3 hierarchischen Sphären sich auseinanderentwickelt hat, lebt seit den Uranfängen des «Logos», des geistigen Keims der Menschen.[19] Was sich nach und nach wesenhaft in den Formen der Natur verdichtet hat – dahinter stand unter der Führung der geistig-hierarchischen Wesenheiten die Entwicklung des Menschen. Er hat die Evolution der Naturreiche mitgemacht, ohne dabei vorzeitig sich eine feste Gestalt zu geben. Er hat die Früchte des Werdens von Mineral-, Pflanzen- und Tiernatur erst in sich aufgenommen, nachdem diese ihre Reife erlangt hatten. Diese Evolutionsfrüchte ergaben das physisch-geistige Material, aus dem die Wesenheiten der Hierarchien den menschlichen Leib aufbauten. Er schließt in sich alles, was an physisch-lebendiger und seelisch-astraler Entwicklung vorausgegangen war. An allem diesem war das Menschen-Ich, noch im Schoße der Hierarchien ruhend, beteiligt. Erst sehr spät löste es sich aus seinen geistigen Urgründen und verkörperte sich nach und nach herabsteigend in dem also vorbereiteten Leib. Das Ich-Wirken hat der menschlichen Gestalt die Aufrechte gegeben, hat ihm zwischen seinem Haupt und seinen Stoffwechselorganen eine selbstständige Mitte verliehen – das Herz als Sitz des Ich –, hat die Hinterbeine des Tieres gestreckt und die Füße zum federnden Gehen und Schreiten über die Erde befähigt. Es hat die Arme und Hände aus der erdgebundenen Schwere der Vordergliedmaßen emporgehoben und ihnen zu freier, selbsttätiger Bewegung verholfen, der Liebe zum Tun. Die leibliche Ich-Geburt hat dem Menschen eine gottebenbildliche Gestalt gegeben. Diese haben die alten Griechen in den herrlich ebenmäßigen, archaisch-monumentalen Gestalten der Kouroi, z.B. entlang der Tempelstraße zum Tempel der Hera

(Heraion) auf Samos, in Stein gemeißelt. Die geistig-seelische Ich-Geburt vollzog sich mit dem Mysterium von Golgatha. Sie bedeutet, dass die zukünftige Entwicklung des Menschen darin besteht, sich seines Ursprungs im Geiste bewusst zu werden, sowie dasjenige, was an Natur in seinem Leib und um ihn herum lebt, umzuarbeiten und seiner höheren Ichheit anzuverwandeln.

Aus dem Geist seines Ich hat der Mensch die Fähigkeit, «Entwicklung» denken zu können. Diese schließt eine Urvergangenheit ein, in der der Werdekeim des Menschen noch im Schoße der höchsten Gottheit lag, und eine Zukunft, in der die Ichheit des Menschen mit vollem Wachbewusstsein zu seinem geistigen Ursprung zurückfindet. Aus solcher Betrachtung ergibt sich notwendig die Idee und Wirklichkeit der wiederholten Erdenleben.

Der leibliche Organismus des Menschen

Wie der leibliche Organismus des Tieres sich nach außen in eine Gestalt (Form) abgrenzt und sich nach innen in Organe gliedert, so auch der Leib des Menschen, mit dem maßgebenden Unterschied, dass bei letzterem das rhythmische Organsystem von Lunge und Herz sich als selbstständiges Glied zwischen dem Nerven-Sinnes- und dem Stoffwechsel-Gliedmaßenpol eingliedert. Diese Verselbstständigung der Mitte hat die weitreichende Konsequenz, dass die Seele des Menschen auf dieser klar herausgegliederten Organgrundlage die Fähigkeit des Denkens, Fühlens und Wollens erlangt. Beim Tier leuchtet mit jeder Wahrnehmung der Sinne das Bewusstsein auf und erlischt wieder, wenn diese Wahrnehmung aufhört. Die menschliche Seele kann das Wahrgenommene durch das Denken in Gedanken festhalten, im Fühlen empfinden und im Wollen zur Tat schreiten. Was in den 3 Organsystemen leiblich unbewusst in fortdauernder Wechselwirkung steht, das offenbart sich auf der Stufe des Seelischen in Gedanken, Empfindungen und Willensimpulsen. Indem diese interagieren, entsteht gleichsam als Synthese das Selbstbewusstsein. Aus ihm leuchten Ideen auf, die im Erleben ethisch-moralische Impulse des Handelns wecken. Der Mensch hebt sich heraus aus seinem Leib, herauf zu seinem Menschentum, zum Bewusstsein seines Ursprungs im Geiste, seiner mit der Selbst- und Welterkenntnis fortschreitenden bewussten Teilhaberschaft an dem Sein und Wirken der genannten höheren Hierarchien. In diesem Erheben aus der Leibgebundenheit, sodass die Seele sich nicht bloß in augenblicklicher Wahrnehmung von Sinnesreizen erschöpft, verdankt der Mensch seinem geistigen Wesenskern, dem in den Leib eintauchenden Ich, das die drei Seelenfähigkeiten betätigt und sie zur Einheit, zum Selbstbewusstsein zusammenschließt.

Im Ich-Bewusstsein gelangt der Mensch erst zu sich selbst. Er wird sich der Möglichkeit seiner Selbstbestimmung in Freiheit bewusst. Er wird sich der Tatsache bewusst, dass er nicht ein fertig abgeschlossenes Dasein hat, wie das Tier, sondern im Bewusstsein seiner Unvollkommenheit sich auf dem Wege weiß, in freier Selbstbestimmung auf seinem Entwicklungsweg fortzuschreiten. Dieser Entwicklungsweg ist individuell. Jeder Mensch beschreitet ihn, geleitet durch die Geistimpulse seines Ich-Wesens, als Individualität.

Das Ich des Menschen ist allumfassend, es steht als ein rein geistiges Wesen über dem bewusstmachenden Seelischen. Es durchdringt die Seele bis in ihre verborgendsten Gründe, macht sie freier vom Leib und durchgeistigt sie zu immer höheren Stufen. Es impulsiert die Kräfte des Denkens, Fühlens und Wollens, entfacht in der Seele Begeisterungskräfte und den Willen, das als notwendig Erkannte auch zu tun. Ebenso wie das Ich, der Wesenskern des Menschen, sich in der Seele eine Ich-Organisation schafft, so auch je eine solche im Bereich des Lebensleibes und des physischen Leibes. Das in die Seele eintauchende Ich ist der Impulsgeber für die Entwicklung des

Menschen. Es bildet am Leib, um ihn zu immer höherer Geistträgerschaft zu erheben.

Die Ich-Kraft stellt den menschlichen Leibesorganismus im Wachbewusstsein in die Aufrechte, in die Achse Erde–Sonne. Wenn das Ich sich mit der Seele im Schlaf aus dem Leib löst, legt sich der Leib in die Horizontale. Das Tier findet sich lebenslang in dieser horizontalen Lage, in einem traumhaften Bewusstsein. Erst die Wirbeltiere entfalten eine höhere Wachheit. Diese wird ersichtlich, wenn einzelne Tierarten den Kopf über der horizontalen Linie des Rückgrates tragen. Im Menschen durchstrahlt das Ich die drei Wesensglieder des Organismus und schafft sich leiblich-seelisch-geistig einen Mittelpunkt im Herzen. Das Ich des Tieres, die «Gruppenseele» einer Tiergattung[20] lebt, wie schon erwähnt, als geistige Entität in einer an das Sinnliche angrenzenden Region des Übersinnlichen. Sie ist nicht im Einzeltier inkarniert; sie berührt es nur von außen. Eine Äußerung ihrer Wirksamkeit ist die Herdenbildung bei den Wirbeltieren (u. a. Rinder, Schafe, Ziegen, Pferde), bei den staatenbildenden Insekten (Wespen, Ameisen u. a.) und schließlich einzigartig im Bienenvolk.

Auch in der im Festen der Erde wurzelnden Pflanze lebt ein deutlicher Anklang an ihre höhere Geisteswesenheit. Ihre Seelenhaftigkeit berührt sie, wie schon angedeutet, von außen und zaubert die im Samen ruhende geistige Form der Pflanze in die sinnenfällige Erscheinung der spiraligen Anordnung der Blätter um den vertikalen Stängel sowie der Knospen und der Blütenblätter. Die Aufrechte des zur Sonne strebenden Stängels, von der Wurzel herauf bis in den Samen, ist Bild einer Kraft, die in einer zweiten, noch höheren Region der Geistwelt als «Ich der Pflanze»[21] lebt (Abb. 2). Goethe hat rein aus der Anschauung heraus auf dieses besondere Bildungsprinzip im Pflanzenreich als die «Vertikal- und Spiraltendenz» aufmerksam gemacht. Er sagte: «Man suche nur nichts hinter den Phaenomenen, sie selbst sind die Lehre.»[22] In der tätig sich übenden Anschauung steht Idee (Begriff) und Sinneswahrnehmung in einem denkenden Wechselverhältnis. Die Sinneserscheinung erregt den Begriff von außen und von innen verleiht er dieser die inhaltliche Bestimmung.

Der menschliche Leibesorganismus ist, kraft der ihn beherrschenden Ich-Wesenheit, der vollkommenste und zugleich einzige, der die Entwicklung des Organismusprinzips weiterführt. Im Tier ist das Seelische in die stoffliche Form geronnen. Insofern ist sein Leib in seiner einseitig definierten Ausprägung vollkommener als der des Menschen. Dieser aber ist entwicklungsoffen und hat die Potenz zu einer fortschreitenden Vergeistigung seiner materiell-irdisch gebundenen Leiblichkeit. Der menschliche leibliche Organismus ist ein Produkt der Natur und zugleich ein solches seiner Geistseele.

Der Organismusbegriff in der Landwirtschaft

Bis in die Zeit der Mitte des 20. Jahrhunderts war der Organismusbegriff noch allgemein üblicher Sprachgebrauch für die Beschreibung eines gesunden, vielseitigen landwirtschaftlichen Anwesens. Betriebswirtschaftlich ging es um die maßvolle standortgemäße Integration von Ackerbau, Viehhaltung, Gartenbau, Obstbau, Wiesen- und Weidewirtschaft sowie Waldbau und Gewässerwirtschaft. Der landwirtschaftliche Organismus entwickelte sich in dieser Vielseitigkeit seiner Organe seit dem frühen Mittelalter und war, ob Dorfschaft oder Einzelhof, die kulturtragende Grundlage des abendländisch-christlichen Landbaus. Er entwickelte sich aus dem «Organismus im Naturwachstum»[23] nach und nach zur ersten großen Kulturblüte. Diese christliche Gemütsseelenkultur hielt so lange an, als das alte Bauerntum und mit ihm die Dorfkultur Bestand hatten. Im Zuge der Agrarindustrialisierung zerbrach der landwirtschaftliche Organismus in Einzelteile. An dessen Stelle trat das Systemdenken in Form von Monokultur und Massentierhaltung. Die Wiederbelebung der Landwirtschaft setzt als ersten Schritt die Wiederholung des Prinzips der Integration der aufeinander abgestimmten Betriebszweige voraus. Auf dieser Grundlage der Wiederholung kann die Basis einer neuen Kulturblüte entstehen, die ebenso wie von der Natur vor allem von der organismischen leiblichen Konstitution des Menschen ausgeht. Sucht man nach einer spirituellen Auffassung eines landwirtschaftlichen Betriebes und den daraus sich ergebenden Maßnahmen zu dessen Gestaltung, bekommt die Aussage Rudolf Steiners «Der Mensch wird zur Grundlage gemacht»[24] besonderes Gewicht. Diesem Hinweis geht als ideelle Richtschnur der andere voraus: «Nur eine Landwirtschaft erfüllt ihr Wesen, im besten Sinne des Wortes, wenn sie aufgefasst werden kann als eine Art Individualität für sich, eine wirklich in sich geschlossene Individualität».[25]

Damit ist gesagt, dass man aus der bloßen Naturerkenntnis weder den Begriff der landwirtschaftlichen Individualität noch jenen ihrer leiblichen Geschlossenheit, das heißt den aus den Naturdingen und -wesen zu formenden Organismus, herleiten kann. Man ist aufgefordert, sich diesen beiden Begriffen, «der Art Individualität» und deren leiblicher «Geschlossenheit», aus der Menschenkunde der anthroposophischen Geistesforschung und der Selbsterkenntnis nach Leib, Seele und Geist anzunähern.

Einen Pflanzenbau in aller Artenvielfalt, eine mit diesem in Wechselwirkung stehende Viehhaltung sowie die Pflege der standörtlichen Wildflora und -fauna schaffen durch die Hofgestaltung eine Ganzheitlichkeit, die beiden Begriffen Rechnung zu tragen versucht. Rückwirkend erfüllen sie die Anforderungen bezüglich der wesensgemäßen Ernährung des Menschen. Diese muss so beschaffen sein, dass die organismische Leibesgrundlage zum tragfähigen Gefäß der fortschreitenden geistig-seelischen Individuation des Menschen werden kann.

Der Begriff des Organismus wird, wenn er in wissenschaftlichen Kreisen überhaupt noch Erwähnung findet, in der Ökologie additiv als System von Beziehungen gedacht. Was damit gemeint ist, erweitert Rudolf Steiner im «Landwirtschaftlichen Kurs» mit dem Begriff des «Organismus im Naturwachstum». Man kann diesen Begriff mit der an einem Standort naturhaft gegebenen Vergesellschaftung von Pflanzen und Tieren umschreiben, einer Naturordnung, die sich von selbst einstellt. Die Wissenschaft der Ökologie beschreibt die Beziehungszusammenhänge dieser floristischen und faunistischen Vergesellschaftung unter Einbezug klimatischer, geomorphologischer, gesteinskundlicher, bodenkundlicher und hydrologischer Faktoren. Der Mensch aber bleibt in der Regel außen vor. Wenn er überhaupt Erwähnung findet, fällt ihm die Rolle eines Störfaktors zu.

Wie oben zitiert, geht die Geisteswissenschaft Rudolf Steiners aber gerade vom Menschen aus. Sie erweitert das Prinzip, nach welchem die Natur bei der Organismusbildung «im Naturwachstum» verfährt, zu jenem, durch das der leibliche Organismus des Menschen zum Träger von Seele und Geist werden kann. Dieser Schritt ist ein Entwicklungsschritt, der nur von dem denkenden und handelnden Menschen getan werden kann. Er bedeutet, dass die hohe Entwicklungsstufe in der Leibesbildung des Menschen nach Kopf- oder Nerven-Sinnessystem, Brust- oder rhythmischem System und Bauch- oder Stoffwechsel-Gliedmaßensystem zum ideell methodischen Prinzip der organismischen Gestaltung des landwirtschaftlichen Betriebes gemacht wird. Das zu erkennen und ins Werk zu setzen, vermittelt die Anthroposophie und im Besonderen der «Landwirtschaftliche Kurs».

Der Kopfpol oder das Nerven-Sinnessystem des landwirtschaftlichen Organismus

Der Kopf ist der Ruhepol des Menschen, der Sitz der wachen Sinne, des Zentralnervensystems, des im Gehirnwasser schwimmenden Gehirns, das umgeben ist von den Knochen der Schädeldecke und jenen des Gesichtsschädels. Er ist morphologisch ganz Form und physiologisch von formenden und damit absterbenden Kräften durchzogen. Er ist dem Tode näher als dem Leben. Er bedarf der stetigen intensiven Durchblutung, um das Übermaß an Abbauvorgängen zu kompensieren. Seine Tendenz, immerfort anorganisch zu werden, kommt zum Ausdruck in dem Festwerden der Schädelknochen, dem aus dem Lebendigen sich heraussondernden Gehirnwasser, der hohen Abbautätigkeit des belebenden Atmungssauerstoffs zu dem giftigen Kohlendioxid und, seelisch gesprochen, in der Abkühlung zur Kälte des Intellekts. Das Gehirn, mit seinen den ganzen Menschen durchziehenden Nervensträngen, ist aufgrund seiner Todesnähe der bewusstmachende Pol des Menschen.

Wendet sich der Blick auf diejenige Region der Erde, in welcher die dem Nerven-Sinnessystem des Menschen entsprechenden Prozesse und Kräfte vorherrschen, so sind es die aus den Tiefen der Erde, aus der mineralischen Natur der Gesteinswelt empordringenden Kräfte. Der Mineralaufbau der Erdrinde konstituiert sich weitestgehend durch den siliziumhaltigen Quarz-Kiesel (SiO_2) sowie die Silikate, die, nach unten zunehmend, die Tiefe der Erde beherrschen. Auf der anderen Seite steht der Kalk ($CaCO_3$), der mehr gegen die Erdoberfläche ansteht. Zwischen beiden Polen vermitteln die Silikate, bei welchen die Glimmer eher der Kieselseite zugeneigt sind, die Feldspäte mehr der Kalkseite. Beide, Feldspat und Glimmer, sind die Ausgangsmineralien für die Bildung des Tons, der Tonmineralien. Sie sind es, die vor allem eine Art physiologischen Ausgleich zwischen Kiesel und Kalk darstellen. Der Quarz-Kiesel ist gewissermaßen der Repräsentant des Kristallinen. Er ist durchsichtig, gewährt dem Wasser keinen Zutritt und verwittert deshalb in den gemäßigten Breiten so gut wie nicht. Durch die Verbindung des Siliziums, das den kosmischen Pol repräsentiert, mit dem Sauerstoff entstehen der Quarz und die ihm verwandten Silikate, die hauptsächlich die Erdkruste konstituieren. Unter deren großer Formenfülle steht der Quarz-Kiesel, als Repräsentant, der die Einstrahlungen des fernen Fixsternumkreises, des «Kristallhimmels» der alten Griechen, dem Erdboden vermittelt. Er empfängt die kristallbildenden Formkräfte und strahlt sie zurück in den Erdenbereich, in dem sie ihre Wirkungen entfalten.[26] Es geschieht dies vorzüglich in der Winterszeit, in der Zeit des klirrenden Frostes. Im Winter ruht die Erde in sich selbst, sie ist «ein in sich geschlossenes Wesen»[27]. Was da in der Erde sich vollzieht, kann man mit dem vergleichen, was im Zusammenhang mit der Gedankenbildung im Gehirn geschieht. Die Funktion des Gehirns ist wie die eines Spiegels, durch den die verborgenen Denkkräfte in Gedankenform bewusst werden.

Im «Landwirtschaftlichen Kurs» betont Rudolf Steiner besonders die polare Sinnesfunktion von Kiesel und Kalk: «Das Kieselige ist der allgemeine äußere Sinn im Irdischen, das Kalkige ist die allgemeine äußere Begierde im Irdischen und der Ton vermittelt beides», und der Kiesel sei «der vornehme Herr, der gar nichts will»[28], so wie die Sinne des Menschen, die wie das Auge kieselhaltig und ohne Eigenwillen durchlässig sind für die Welt der Erscheinungen.

Polar zum Kiesel bezeichnet Rudolf Steiner den Kalk als den «Begierdenkerl»[29], der alles an sich reißen will. Der Kalk ($CaCO_3$) und die kalkverwandten Gesteine sind undurchsichtig, außer dem Calcit in seiner reinsten kristallisierten Form. Die gegen die Erdoberfläche aufgehäuften Kalkmassen haben gegenüber dem Element des Wassers eine große Affinität. Sie saugen es auf, wie sie alles aufzusaugen trachten, was der Kiesel an kosmischer Strahlung reflektiert oder was in der wärmeren Jahreszeit des Frühjahrs von den untersonnigen Planeten Mond, Venus, Merkur einstrahlt.

An der Erdoberfläche, dem Boden, wetteifern die kalkartigen Mineralien mit den Silikaten. Erstere unterliegen unter dem Einfluss von Wärme, Luft und Wasser wesentlich schneller der Verwitterung als die Silikate und insbesondere der Quarz. Dieser Abbau der kalkhaltigen Gesteine, ihre Auflösung im Wässrigen, entlässt einen Substanzstrom, der, in Verbindung mit den einstrahlenden Formkräften im Winter im Fortgang des Jahreslaufes, sich in neuen Formgestaltungen in der belebten und beseelten Natur zusammenfindet. In den Formen der aufsprießenden Pflanzenwelt realisiert sich die Geistigkeit des Wintergeschehens im Sommerhalbjahr. Diese Formerscheinungen sind es, die die Sinne des Menschen reizen und Gedanken reifen lassen, die zum mikrokosmischen Abbild des makrokosmischen Geschehens im Jahreslauf werden.

Der oben angesprochene, weitgehend in sich geschlossene leibliche Organismus der «landwirtschaftlichen Individualität» gründet mit dem Kopfpol, sozusagen auf dem Kopf stehend, in dem Element des Festen, der Tiefen der Erde. Die Frage, ob der Schöpfergeist des Menschen dieses makrokosmische Geschehen im «Organismus des Naturwachstums» hemmen oder, im Sinne einer standörtlichen Individualisierung, steigern kann, wird die Betrachtung im Zusammenhang mit dem rhythmischen Glied des Bodens zeigen.

Das Stoffwechselgeschehen im «Bauch» des landwirtschaftlichen Organismus

Polar zu den Tiefen der Erde erhebt sich das Stoffwechselglied der landwirtschaftlichen Individualität über das Niveau der Erde in den atmosphärischen Umkreis. Dem Ruhepol des Unten steht das Bewegungschaos des Oben gegenüber. Das Bewegende ist die mit dem Licht einstrahlende Wärme, das

Bewegte ist die Luft und sind die luftartig gewordenen Wasserdünste. Die Luft wird durch Druck auf die Haut empfunden; sie ist für das Auge unsichtbar und wird erst indirekt wahrnehmbar durch das zitternde Blatt am Baum, durch aufgewirbelten Staub, die Meeresbrandung, durch die ziehenden Wolken, den strömenden Regen, die dahintreibenden Schneeflocken etc. Schon durch feinste Wärmedifferenzen entstehen voneinander abgegrenzte Luftkörper, die sich in Windstößen, in Wirbeln, in mächtig sich auftürmenden Gewitterwolken und Wolkenfronten zeigen. Diese Wärme- Luftkörper sind unsichtbar-wesenserfüllte Organe, die sich in den stets wandelnden Formen der Wolken offenbaren. Diese schließen alles das in sich und geben es wieder frei, was die Erde an Wasserdünsten, Gasen, Aerosolen, ja an Wärme aussendet, was in Verbindung mit dem Sonnenlicht sowie den Blitzentladungen Stoffverbindungen erzeugt und wieder auflöst. Es ist eine Fülle von Phänomenen, die im Großen wie im Kleinen die großklimatischen und die örtlichen Witterungsverhältnisse bestimmen und heute durch den erdumspannenden Klimawandel schärfer ins Blickfeld geraten. Man begegnet im atmosphärischen Umkreis der Erde durchaus im Einzelnen einem gesetzmäßig erscheinenden, im Ganzen aber, in seinen unendlichen Wechselbeziehungen, einem irrationalen, eben einem Stoffwechselgeschehen. Nichts bleibt sich auch nur einen Augenblick gleich.

Letzteres trifft auch für den menschlichen Stoffwechsel zu, etwa für die Verdauung. Die Darmbakterien sorgen für den Abbau der aufgenommenen Nahrung. Wäre da nicht die steuernde Drüsentätigkeit des Darmes, so wäre der menschliche Organismus bald in seine anorganischen Bestandteile zerlegt.

Die Lenkung des Stoffwechselgeschehens geschieht einerseits aus der Ferne durch die Strahlungen des Lichtes und der Wärme der Sonne und andererseits, aus der Nähe, durch die in die bodennahe Luftschicht heraufwachsende Pflanzenwelt. Die kosmischen Einstrahlungen geschehen in den Rhythmen von Tag und Nacht sowie in jenen des Jahreslaufs vom Frühjahr über Sommer, Herbst und Winter. Diese Rhythmen entstehen, geozentrisch gesehen, durch die Umläufe der Sonne, der Planeten und Fixsterne um die Erde. Sie bestimmen das groß- und kleinklimatische Witterungsgeschehen, die Hoch- und Tiefdruckgebiete, Wärme- und Kälteperioden, Regen- und Schneefälle, Gewitterstürme etc. Jedes dieser Ereignisse löst ein je spezifisches Stoffwechselgeschehen aus: kein Regentropfen, keine Schneeflocke ohne ein in der Luft verwehtes Staubkorn als Kondensationskern; daher die reinigende Wirkung der Niederschläge. Kein Blitz und Donner ohne eine Oxidation des Luftstickstoffs. Man kann die Frage einmal so wenden, ob nicht die reinigende und verdauende Stoffwechseltätigkeit der Lufthülle nicht allein durch Emissionen aus Industrie, Landwirtschaft und fossilen Brennstoffen, also durch einen Überschuss an Stoffpartikeln, beeinträchtigt wird und dadurch zu Witterungsextremen führt, sondern durch die Interaktionen dieser Stoffteilchen mit den elektromagnetischen Strahlungen der weltumspannenden Informationstechnologien.

Andererseits wächst die Pflanze, wurzelnd in der Erde, in den Stoffwechselpol der Luft- und Wärmehülle herauf, dem Sonnenlicht entgegen. Auf der einen Seite prägt sich in der Pflanze das äußere Stoffwechselgeschehen der Umgebung ab, auf der anderen sind es Sonne und Planeten, die in ihr Stoffwechselprozesse auslösen, die sich in den Luftumkreis fortsetzen. Die Pflanze entnimmt der Luft Kohlendioxid für ihren gestaltaufbauenden Stoffwechsel und entlässt Sauerstoff. Sie sichert damit bezüglich Atmung und Nahrung die Existenz von Mensch und Tier. Sie atmet den Stickstoff der Luft ein, und über ihre organischen Rückstände fördert sie den Stoffwechsel des belebten Oberbodens. Die Wurzeln (u.a. Baldrian) sowie Blätter und vor allem die Blüten emittieren eine Fülle von Aromastoffen, die dem Dasein der beseelten Tierwelt, den in dem Element der Wärme lebenden Fluginsekten und der im Element der Luft lebenden Vogelwelt zur Nahrung dienen.

Im Stoffwechsel-Gliedmaßenpol des Menschen lebt und wirkt in Unbewusstheit der Wille. Dieser aber ist Geist, der Geist seiner höheren Natur, seines Ich, das sich im leiblichen Organismus als diese bestimmte Individualität darlebt. Es ist dieser verborgene Geist des Menschen, der sich als Mikrokosmos in Evolutionsstufen aus dem Makrokosmos entwickelt hat. Es ist der Geist, der die in der Harmonie des Zusammenklanges aller im räumlichen Nebeneinander und zeitlichen Nacheinander sich vollziehenden Lebensprozesse zusammenschmiedet und in Wirksamkeit hält. Im Makrokosmos lebt sich diese Harmonie in den Rhythmen der Jahreszeiten aus und offenbart ihre Signatur vor allem in den Lebenserscheinungen über der Erde im Verhältnis zum atmosphärischen Umkreis. Auch hier waltet Geist, die Geistigkeit, die sich als die Wirksamkeit der Wesenheiten der Hierarchien[30] (siehe Kapitel «Wie erfüllt sich der Organismusbegriff im Mineralreich?») in allen Erscheinungen des Makrokosmos und der Erde darlebt. Sie durchdringt alle Seinsbereiche, die sich naturhaft an jedem Standort der Erde individualisieren, in den Tiefen in Ruhe, in den Höhen in Bewegung. Diese Polarität begründet die Eigenheit eines jeden landwirtschaftlichen Organismus. Die Bewegung über der Erde schafft Chaos in der Stoffeswelt, in den Tiefen herrscht Beständigkeit, die Mitte sucht in Eigenständigkeit den harmonischen Ausgleich.

Seit dem Ende des 19. Jahrhunderts greift der Mensch weltweit mit intelligenter Willkür in diese makrokosmische Polarität meist störend ein, vor allem in den Regionen über der Erde. Im Zuge des 21. Jahrhunderts hat diese Störung das makrokosmische Regulativ durchbrochen und sich in das Chaos der klimatischen Extremereignisse entgrenzt. Dazu hat die ungehemmte Nutzung aller Ressourcen der Erde beigetragen. Hauptakteur ist hierbei die Landwirtschaft: In Bezug auf die «Erkrankung» (Kontamination) des Stoffwechselpols stehen im Vordergrund u.a. die Entgasung von Stickoxiden (u.a. Lachgas, NO_2) als Folge der Denitrifikation von vor allem synthetischen Stickstoffdüngersalzen sowie die windverwehten Aerosole aus der Summe der synthetischen Pflanzenbehandlungsmittel, wie Herbiziden, Pestiziden und anderen. Sie alle sind aus abstraktem Modelldenken gedachte Konstrukte, die in ihren Wirkungen todbringend sind, das heißt den Kopf- und Todespol der Erdentiefen über die rhythmische Mitte hinaus in dem Stoffwechsel-Lebenspol zur Geltung bringen. Auf diesem Hintergrund steht wieder die Frage an, welche Maßnahmen aus der Erkenntnis der Polarität der Höhen und Tiefen zu ergreifen sind, um sie in dem Organ der Mitte, dem fruchtbaren Boden, zum überhöhenden Ausgleich zu bringen.

Die rhythmische Mitte im Organismus der landwirtschaftlichen Individualität

Gemessen an den gewaltigen Dimensionen der Höhen und Tiefen, bildet der Boden als Durchdringungszone beider eine hauchdünne Schicht, eine Haut, die Rudolf Steiner mit dem menschlichen Zwerchfell vergleicht.[31] Das Zwerchfell ist ein muskelbehaftetes Organ, das eine Scheidewand zu den Bauchorganen bildet. Sucht man die Funktionen des Boden-Zwerchfells auf, so folgen diese zum einen den makrokosmischen Tag-Nacht- und Jahreszeitenrhythmen; zum andern hat dieses Organ der Mitte die physiologische Anlage zu einem Eigenrhythmus. Es vereint nämlich keimhaft in sich die Veranlagung zu einer Herz- und Lungentätigkeit. Das Boden-Zwerchfellorgan grenzt sich morphologisch und physiologisch sowohl gegen den Kopfpol, den unverwitterten Gesteinsuntergrund, ab wie auch zum Luftumkreis. Nach unten ist es sinnesaktiv durch seinen Quarz-Kieselgehalt in der Sandfraktion, nach oben stoffwechselaktiv durch seinen Kalk- und Humusgehalt. Seine Herzfunktion, die Sonne im Boden, erfüllt der Ton; er ist die «Mitte der Mitte». Er vermittelt zwischen Kiesel und Kalk und erdet seine kosmische Natur durch die Verbindung, die er mit dem erdenhaftesten aller Stoffe, dem Humus, eingeht. Die Herzfunktionen des Tones im Boden sind der Ausgleich der Kräftebeziehungen zwischen Quarz-Kiesel und Kalk sowie die Lenkung des Kreislaufs der Stoffe über das Bodenwasser. Der Humus hingegen ist im weitesten Sinn (Nähr- und Dauerhumus) Träger der Bodenatmung. Er unterliegt dem Auf- und Abbau durch das bakterielle und tierische Bodenleben und sorgt über dieses für den Luftaustausch. Dieser vollzieht sich wie bei Tier und Mensch. Der Boden atmet aus der bodennahen Luftschicht Sauerstoff ein und entlässt Kohlendioxid.

Der Boden als Zwerchfellorgan hat in sich die Potenz zur Entwicklung eines selbstständig werdenden Gliedes zwischen den Höhen und Tiefen. Alle Maßnahmen landwirtschaftlicher Tätigkeit müssen zuvorderst darauf gerichtet sein, die rhythmische Mitte zum Zentralorgan des landwirtschaftlichen Organismus auszugestalten. Die Bildetätigkeit des Menschengeistes schafft in Raum und Zeit die Leiblichkeit, die sich «mit Wesen erfüllt»[32]. Dieses Wesen benennt Rudolf Steiner als «landwirtschaftliche Individualität». Wie schon erwähnt, ist mit diesem vom Menschen hergeleiteten Begriff «Individualität» der Geistwesenskern des Menschen angesprochen, das «Ich»: Dieses kann in Selbsterkenntnis und anhand der anthroposophischen Geisteswissenschaft diesen Begriff fassen, ihm erlebbaren Ideengehalt geben und aus diesem heraus seine Willensimpulse befruchten. Diese verleihen der Tagesarbeit in Feld und Stall ethisch-moralisches Gewicht. Was so dem bewussten Erfassen geistige Erfahrung geworden ist, was die Gesinnung vertieft und kraftvoller macht, was die Begeisterung und Liebe zur Tat weckt, das strömt als eine selbstgeschöpfte Qualität, die den äußeren Sinnen verborgen bleibt, dem Boden, den Pflanzen und Tieren des Hofes zu. Durch eine solche aus der Geistesforschung impulsierte Arbeit an der Erde kann sich der Hinweis Rudolf Steiners bewahrheiten: «Wir stehen [seit dem Beginn des 20. Jahrhunderts] vor einer großen Umwandlung des Inneren der Natur»; sie hängt mit «der Umwandlung der menschlichen Seelenbildung [...] zusammen»[33]. Die negativen Auswirkungen machen sich in der «Wesensleere» der materialistischen Naturauffassung und ihrer technologischen Umsetzung sowie in der Zersplitterung des sozialen Lebens genugsam geltend.

Handelt aber eine Gemeinschaft zusammenarbeitender Menschen aus der inneren Anschauung des Organismus- und Individualitätsgedankens und sucht sie, gestützt durch die Ergebnisse der Geistesforschung, zwischen den Dingen und Wesen des Hofes neue Beziehungen zu stiften, weitet sie sich mit Geist, Herz und Hand in das «Innere der Natur» des Hofes. Sie wirkt «wesenserfüllend»[34].

Die rhythmischen Prozesse des Boden-Zwerchfellorgans, in Frühjahr und Sommer

Im Frühjahr bis in den Hochsommer hinein öffnet sich das rhythmische Geschehen vor allem den atmosphärischen Stoffwechselkräften und tritt mit diesen zeitlich in Wechselwirkung. Mit der Durchlichtung, Durchwärmung, Durchlüftung und Durchfeuchtung der obersten lockeren Bodenschicht fängt im Frühjahr das niedere pflanzliche und tierische Bodenleben schlagartig an, sich zu entfalten. Durch bakterielle «Lebendverbauung» entstehen größere und stabilere Bodenkrümel. Es dominieren im Oberboden Aufbauprozesse (Sauerstoff-Einatmung), die einerseits durch die rapide Vermehrung von Bakterien in Kolonien veranlasst werden, andererseits durch die ebenso rasch sich entfaltende und in Tätigkeit tretende Bodentierwelt. Polar zu dieser spontanen Lebensentfaltung – und doch in deren Dienste stehend – wirken aus dem Kopfpol von unten herauf abbauende Todeskräfte (CO_2-Ausatmung). Sie sorgen für die Mineralverwitterung und den bakteriellen

Abbau der Lebensbevorratung der Vorjahre, des Humus. In beiden Fällen werden Salze freigesetzt. Sie gehen im Bodenwasser in Lösung, wandern teils herunter in die Tiefen des Kopfpols, zum größeren Teil aber werden sie von den Bodenkolloiden, Tonmineralen und Humusstoffen festgehalten oder geraten in den Sog der Pflanzenwurzeln.

Diese lebensschaffende, aufbauende Aktivität im Frühjahr erreicht über den Frühsommer zum Hochsommer hin etwas tiefere Bodenschichten. Es entsteht die groß- und feinporig strukturierte Gare, den Lungenalveolen vergleichbar, bereit zur Aufnahme großer Luftmengen im Bereich der sauerstoffbedürftigen Pflanzenwurzeln oder großer Wassermengen bei Starkregen. Wie die Getreidefrucht, künftiges Leben in sich bergend, im Hochsommer in Luft und Wärme ausreift, so reift die Bodengare zu einer Art Lunge des Bodens aus. Dabei kann sich folgendes Bild ergeben: Die Erde atmet im Frühjahr die vier Gruppen der Elementarwesen[35] aus, die sich in ihr über den Winter verborgen hielten. Durch ihre Wirksamkeiten in den Elementen Wärme und Luft, in den Wasserdünsten und in dem Festen der Erde schaffen sie in den heraufwachsenden Pflanzen das Abbild ihres Urbildes. Aber auch die Bildung der Bodengare im Grenzbereich Boden–Luft ist ihr Werk. Das Wesen des Stoffwechselwirkens im Sommerhalbjahr über der Erde ist das Ineinanderweben der Elemente Erde und Wasser in den Elementen Luft und Wärme.

Die «Elementarwesen» sind ihrer Tätigkeit nach Beziehungswesen. Sie sind übersinnlich geistiger Art und vermitteln die Wirksamkeiten der genannten geistigen Hierarchien bzw. «der Gruppenseelen der Pflanzen und Tiere» den allem Sein zugrunde liegenden Elementen des Physischen der Erde, dem Wasser, der Luft und der Wärme. Dass die Gesteine, die in der Regel geronnene Beziehungssysteme verschiedener Mineralien sind und diese selbst verschiedener Stoffe, dass in Pflanze, Tier und Mensch physiologische Prozesse in den Organen und zwischen diesen sich abspielen usw., ist das Werk solcher Elementarwesen. Sie sind Träger der Geistdurchdrungenheit in allem Sein. Richtet sich die Aufmerksamkeit in fühlender Anschauung auf das «Dazwischen» der Erscheinungen, zum Beispiel verschiedener Tierarten in ihrem Tätigkeitsverhalten zu den Elementen, kann der Wesensbezug mittelbar erahnbar werden: der zarte Regenwurm, der das Feste der Erde bearbeitet; die Forelle, die im klaren Wasser des Baches gegen die Strömung steht und mit ihrem Schuppenkleid das strömende Wasser ertastet oder hinhuschend durch das Wasser schießt; die Schwalbe, die im pfeilschnellen Flug um sich Wirbel erzeugt und sich mit jedem Flügelschlag am Element der Luft auslebt; oder die Biene, die, im Element der Wärme lebend, in emsiger Tätigkeit die Blüte aufsucht und mit dieser einen Augenblick lang wie zu ihr zugehörig erscheint. Jedes dieser Phänomene ist im Erleben wie ein Brückenschlag zur elementarischen Wesenswelt.[36]

Die rhythmischen Prozesse des Boden-Zwerchfellorgans, in Herbst und Winter

Im Spätsommer und ganz und gar im Herbst kehrt sich der Frühjahrs-Sommerprozess in sein Gegenteil um. Der Veräußerlichungsprozess, der sich in den sichtbaren Formen der Bodengare und der Pflanzenwelt zum Ausdruck brachte, verwandelt sich in ein Verinnerlichungsgeschehen. Das Bodenleben stirbt, die Pflanzen werden welk, die Blätter lösen sich von den Bäumen. Man schaut das dem Tode verfallende Leben und fühlt, wie es sich vergeistigt und wieder Einkehr in die Erde hält. Diese Einkehr oder Einatmung der elementarischen Wesenswelt verleiht dem Licht, der Wärme und der Luft einen intimen Grad von Innerlichkeit und zugleich Erdenschwere. Ein Abbild davon zeigen die absterbenden, in Erdfarben noch einmal aufblühenden Blätter, ebenso die über den Niederungen lagernden Nebel im September, das goldene Licht im Oktober und der stürmische, wolkenverhangene November.

Im Boden-Zwerchfellorgan führt dieses Geschehen ebenso zu einer Verdichtung, die, wie bei der Samenbildung, einen substanziellen Verinnerlichungsprozess darstellt; es ist die Dauerhumusbildung. Im Dauerhumus bildet der Boden aus sich selbst eine Art Samen, den Universalsamen, der den Keim des «Allgemein-Pflanzlichen» enthält, das heißt dessen, was bei der Pflanze an rein vegetativen Organen vor der Samenbildung zurückbleibt. Wurzel, Stängel, Blatt und Blüte kehren welk zum Boden zurück und formen sich in diesem naturhaft zu einer stofflichen Neuschöpfung um, dem Dauerhumus oder, wie ihn die alten Alchemisten nannten, dem «Universalsamen der Erde». Gleich dem Individualsamen der Pflanze enthält er ein Nährgewebe, das dann im Frühjahr auskeimend das allgemein-pflanzliche Prinzip dem neuen Aufwuchs vermittelt. Wie der Pflanzensame vergeht, indem er keimt, so der Universalsame Humus. Das dem Wesen des Boden-Zwerchfells immanente rhythmische Prinzip des Entstehens und Vergehens dankt es den von oben hereinwirkenden Stoffwechselprozessen.

Im hereinbrechenden Winter kommt das herbstliche Geschehen zur Ruhe. Die Wärme weicht der Kälte, die Luft verdichtet sich, die Feuchte in ihr kristallisiert zu Schneeflocken. Der Kopf- oder Sinnespol der Erde öffnet sich den Einstrahlungen der Fixsternsphäre.[37] Vereint mit diesen aus dem Kosmos einstrahlenden Kräften wirkt der Kopf-Kieselpol aus den Tiefen der Erde herauf, erweckt im Boden-Zwerchfellorgan Sinnesprozesse und bringt dem Stoffwechselgeschehen über der Erde partiell dadurch den Tod, dass sich die Elemente Erde, Wasser, Luft, Wärme voneinander trennen, in ein Sonderdasein übergehen. Das Rhythmus- und Stoffwechselglied wird von unten von Todeskräften durchdrungen. Tod aber bedeutet, dass das Geistige, das im Jahreslauf in die Gestaltung des fruchtbaren Bodens und der in die Höhe strebenden Pflanzen geronnen ist, frei wird. Aus fernsten Höhen herunter und aus den Tiefen herauf vergeistigt sich die Erde. Wie der Individualsame der Pflanze und der Universalsame Humus die geprägten formbildenden Kräfte des Vorjahres in das kommende Jahr herübertragen, so geht die frei gewordene Geistigkeit des Winterhalbjahres in den physischen Substanzstrom auf, der das aufstrebende Leben im Sommerhalbjahr erdenhaft macht.

In den Wintermonaten, vor allem im Januar und Februar,[38] wird das Sinnesleben im Boden-Zwerchfellorgan des landwirtschaftlichen Organismus aktiv. Wie das Auge die Eindrücke, die es empfängt, nicht für sich beansprucht, so der tut es auch der «äußere Sinn im Irdischen», der Kiesel. Er vermittelt die empfangenen Strahlungen des Kosmos über den Ton in «kosmischer Aufwärtsströmung»[39] dem Pflanzenwachstum und macht es sonnenhaft. Anders der Kalk, der erst gegen das Frühjahr aktiv wird: Er saugt die Rückstrahlungen des Kiesels in sich auf. So stehen im Boden in zeitlicher Folge polar zueinander eine Sinnesnatur und eine Begierdennatur. Vermittelnd zwischen beiden Polen sind die aus Silikaten (u. a. Glimmer und Feldspäte) als Verwitterungsprodukt sich herleitenden Tonmineralien. Sie sind in Form des Tones das mineralische Pendant zum Humus. Die Tonmineralien haben eine hexagonale kristalline Blättchenstruktur, die so dünn ist, dass sie, geometrisch betrachtet, wie die materialisierte Idee der Ebene erscheint. Im Dazwischen dieser Blättchen haften u. a. die dissoziierten alkalischen und erdalkalischen Metalle, wie Kalium, Kalzium, Magnesium etc. Im Zuge der Verwitterung gehen diese Zwischenschichtmineralien nach und nach in Lösung. Der Ton quillt auf durch Wassereinlagerung, bei Trockenheit schrumpft er wieder und hinterlässt Risse im Boden. Durch seine Blättchenstruktur hat der Ton im Hinblick auf das Pflanzenwachstum eine einzigartige, eine irdische und kosmische Eigenschaft. Zum einen bindet er die in Lösung gegangenen irdisch-salzartigen Substanzen, wie die genannten, und trägt sie den Pflanzenwurzeln zu. Zum andern ist er der große Vermittler der von dem Kiesel-Quarz zurückgestrahlten kristallbildenden Kräfte der kosmischen Höhen an die Pflanzen. In Anbetracht dieser kosmisch-irdischen Eigenschaften kann man einen Zugang zu der Äußerung Rudolf Steiners finden, dass der Ton die Fähigkeit hat, die kosmischen Rückstrahlungen, die die erwähnte Begierdennatur des Kalkes an sich zu reißen versucht, ihm wieder zu entreißen.[40] Die Tatsache, dass gerade der Ton die in Lösung gegangenen Stoffe der Kalkgesteine und der kalkverwandten Gesteine als Zwischenschichtmineralien an die silikatische Blättchenstruktur zu binden vermag, kann diesen Hinweis des Geistesforschers erhellen.

In Überhöhung ihrer Gegensätzlichkeit neigen Ton und Humus dazu, sich zum Ton-Humus-Komplex zu verbinden. Sie sind damit die wahren Funktionsträger der mittebildenden Bodenfruchtbarkeit. Der Ton ist der kosmische Formgeber im Boden sowie physiologisch der Förderer «der kosmischen Auswärtsströmung» von unten nach oben im Pflanzenwachstum. Der Humus ist «das Endprodukt des Erdigen mit dem Erdigen»[41]. Er erzeugt lichtloses Wirken.[42] Man kann sagen: Der Ton vermittelt von der «Mitte» aus und vom Winter her die Formkräfte der Höhen den Pflanzen, der Humus hingegen die Kräfte der Tiefen, die vorzugsweise im Sommerhalbjahr das Substanzgeschehen im Boden beherrschen.

Das Boden-Zwerchfellorgan ist das Organ der Mitte im landwirtschaftlichen Organismus; es wiederholt Jahr für Jahr das Schöpfungsgeschehen der aus der Vergangenheit fortwirkenden Evolution. Liegt in dieser zum gegenwärtigen «Werk» gewordenen Mitte zwischen den Höhen und Tiefen der Keim zu einer Metamorphose ihres Werdens in die Zukunft? Welche Aufgabe fällt bei dieser Wende den zum Ich-Bewusstsein erwachten Menschen zu?

Das Organismusprinzip im anthroposophisch orientierten Landbau (biologisch-dynamisch)

Der «Organismus im Naturwachstum» bezeichnet das von Menschenhand nicht oder kaum berührte standörtliche «Oikos». Dieses «Haus der Natur» wird heute als einstmals aus Urwäldern, Steppen, Wüsten oder vom Eis freigegebenen Gebieten zusammengesetzt gedacht. Vereinzelt noch bis in das Mittelalter (Göttin Natura!) erlebte die Menschheit in vorchristlichen Zeiten «die Natur als umfassendes, ursprüngliches Wesen [...], das den Kosmos mit all seinen Gestirnen umspannt»[43] . Es waren die noch mehr träumend ganz in der Naturgeistigkeit lebenden, nomadisierenden Hirtenvölker sowie der jagende und sammelnde Mensch, der das nutzte, was die Natur gab. Unter Führung der Priesterweisheit der Mysterien kam es zur Sesshaftwerdung der Menschheit. Mit dem ritzenden Pflug entstand der erste Schritt der Inkulturnahme des Boden-Zwerchfellorgans sowie der Anbau des aus Gräsern gezüchteten Getreides (Weizen, Gerste), der Verwandlung von Wildkräutern zu Gemüsearten und wildwachsender, vor allem baumartiger Rosengewächse zu Obstbäumen etc. Eine Reihe von Tierarten gediehen unter der Hand des Menschen zu Haustieren. Wo dies geschah, ging der «Organismus im Naturwachstum» in einer ersten Entwicklungsstufe in einen menschengeschaffenen Kulturorganismus auf. Diese Entwicklung vollzieht sich vor allem in den vorchristlichen Hochkulturen des Orients.

Europa erwachte erst mit dem Heraufkommen des Christentums zu einem noch geistgeführten Bewusstsein des Eingebettetseins in eine noch wenig berührte, wilde Waldnatur. Dieses Erwachen vollzog sich gleichsam im Zeitraffer. Die Wälder wurden in den beiden großen Rodeperioden des 6./7. und 12. Jahrhunderts gerodet, und auf den urbar gemachten Flächen versammelten sich die Kulturpflanzen- und Haustierschöpfungen der vorchristlichen Hochkulturen. Dieses Kulturerbe erscheint wieder in erster Wiederholung auf höherer Stufe: Aus dem ritzenden Pflug wird der wendende Pflug, aus den Züchtungen des Altertums die Landsorten, aus den domestizierten Tieren die Landrassen. Die einst lose Weileransiedlung wurde zum Dorf, mit dessen Mittelpunkt der Kirche und dem geschlossenen Umkreis der Dorfgemarkung. Im christlich-abendländischen Bauerntum vollzog sich eine zweite große Metamorphose hin zum weitgehend in sich geschlossenen Organismus der Dorfgemarkung, später die der Einzelhöfe zum Kirchspiel[44]. Die Geschlossenheit entstand durch die Integration und damit Wechselwirkung von Ackerbau, Viehzucht, Wiesen- und Weidewirtschaft, Gartenbau, Obstbau und Waldbau.

Das Organismusprinzip hat in der Landwirtschaft mit und durch das Christentum eine neue Gestalt angenommen. Es hat als kosmisch-irdischer Impuls nach und nach den ganzen Menschen, seine leibliche, seelische und geistige Konstitution verwandelt. Diese Verwandlung löste eine zweite Metamorphose aus und mit dieser einen dritten Schritt in der Entwicklung des Organismusprinzips. Diesen großen Aufschwung in der Ausgestaltung des Landschaftsbildes, der durch das ganze Mittelalter hindurch anhielt und dessen tragischer Niedergang im Laufe der Neuzeit bis in die Gegenwart anhält, möge der folgende historische Exkurs verdeutlichen. Europa verwandelte seine Wildnatur in Kulturlandschaften, die sich in Dorfschaften gliederten sowie in weilerartige Kirchspiele und Lehenshöfe. Die Stadtentwicklung setzte erst später in Fortsetzung der Pfalzen ein, indem einzelne Dorfschaften zu zentralen Marktflecken wurden.

Die aus dem Christentum hervorgehenden Impulse waren von dreifacher Art:

1. Das Mittelalter und auch die Folgezeiten durchzog die still im Verborgenen wirkende, an das Urchristentum anknüpfende und dem kosmischen Urgrund des Mysteri-

ums von Golgatha sich zuwendende Strömung des «esoterischen Christentums». Es trat zunächst in Legenden, den Märchen etc. in einer Bildersprache, dann konkreter z.B. in der Artus- und Gralsströmung aus dem Verborgenen in das Licht des äußeren historischen Daseins. Das galt besonders für die Schule von Chartres sowie für die unzähligen Michael-Kultstätten. Auch die Mission des iroschottischen Mönchtums speiste sich aus dieser Quelle und ebenso die hohe Kunst der Maler Raffael, Grünewald und vieler anderer.

2. Dieser ersten Strömung stand die zweite, die Strömung des exoterischen oder petrinischen Christentums gegenüber. Diese erhielt wesentlich ihre Prägung durch die römische Verstandeskultur sowie durch ihre frühe Anerkennung als Staatsreligion durch Kaiser Constantin den Großen (280–337). Sie ist streng hierarchisch gegliedert, steht als geistige Macht unter den Mächtigen, tritt missionierend in die Welt, schafft sich mit der Institution der Kirche einen fest verankerten Ort, pflegt einen allen Menschen zugänglichen glanzvollen Kultus und ist in die weltlichen Händel verstrickt.

3. In Durchdringung und Synthese beider Strömungen entfaltete sich vom frühen Mittelalter an dazwischen ein Drittes, das «Volkschristentum» in tief spiritueller, gemütstiefer Gesinnung. Die hohe volkstümliche Kunst des Hochmittelalters legt davon ein vielseitiges Zeugnis ab. Die weit überwiegend bäuerliche Bevölkerung lebte und arbeitete aus der Kraft des Ich-Erwachens in einem das Geistige in Natur und Kosmos empfindenden Verhältnis. Der von Menschenhand gestaltete Organismus der Dorfschaften, mit ihrem Mittelpunkt der Kirche und um diese herum die dörfliche Gemeinschaft, sowie ihrem Umkreis, der Dorfge-

markung, wurde zu einem in die Natur hinein gebildeten Kunstwerk.

Das im Volkstum tief verwurzelte Volkschristentum bestand ausklingend bis in die Neuzeit fort. Seine beiden polaren Geistesquellen aber verloren ihre inspirierende bzw. stützende Macht. Das esoterische Christentum, das im sozialen Wirken des Templerordens noch einmal historisch im 13. Jahrhundert zur Blüte kam, wirkte nach dessen gewaltsamem Untergang verborgen in kleineren Kreisen fort, trat noch einmal im 15. und 16. Jahrhundert in äußere Wirksamkeit in der Bruderschaft vom Rosenkreuz sowie in einzelnen, aus dem Verborgenen wirkenden Persönlichkeiten wie Paracelsus, Jacob Böhme, Angelus Silesius und anderen.

Demgegenüber kam das exoterische Christentum mit seinen Institutionen zur vollen Machtentfaltung und emanzipierte sich zunehmend von dem Geist seines Ursprungs. Zwei Symptome, die in dieser Hinsicht die Neuzeit einläuteten, seien genannt: einerseits die Vernichtung des aus spirituellen Quellen handelnden, oben erwähnten Templerordens zum Beginn des 14. Jahrhunderts und andererseits der ebenso kirchlich verfügte Flammentod einer wahren Repräsentantin des Volkschristentums, nämlich von Jeanne d'Arc (1410/12–1431).

Die repressive exoterische Macht der Kirche gegen ketzerische Bestrebungen setzte sich im 15. Jahrhundert mit der Inquisition fort. Sie bereitete zu Beginn des 16. Jahrhunderts den Aufstand der Bauern, die Bauernkriege von 1524/25, vor, die sich gegen die absolute Vormundschaft von Kirche und Adel richteten. Ein Zeichen der Ohnmacht der Bauern war ihr hoher Blutzoll. Dieses Unheil setzte sich durch das 16. Jahrhundert in den Religionskriegen der Gegenreformation fort und gipfelte im 17. Jahrhundert in den grauenvollen Verheerungen des Dreißigjährigen Krieges. Diese betrafen vor allem die bäuerliche Bevölkerung, die einstige Trägerin des Volkschristentums, sowie die Verödung der Dorforganismen, ja ganzer Landschaften. Das kriegerische Toben im Namen Christi hat Mitteleuropa mitten ins Herz getroffen.

Mit den Machtimpulsen eines sich zunehmend selbst missverstehenden exoterischen Christentums war das Schicksal des Volkschristentums, der spiritualisierten Gemütsseele, besiegelt. Im folgenden 18. Jahrhundert, dem Jahrhundert der Aufklärung, konnte das Ererbte nur noch in Tradition, das heißt in allmählicher Erstarrung fortgesetzt werden. Das römische Privatrecht ersetzte die letzten Reste des germanischen Gemeineigentumsrechts. Der Zerfall des sozialen Zusammenhaltes in den Dorfschaften beschleunigte sich im 19. Jahrhundert. Das Wesenhafte der Natur sprach schon lange nicht mehr zu den Menschen. Die fordernde Notwendigkeit der Natur, ihre eherne Gesetzlichkeit, wurde als Fremdbestimmung in der Arbeit empfunden und weckte das Bedürfnis nach Freiheit. Diesem folgend, entleerten sich die Höfe und Dörfer in Abwanderungs- und Auswanderungswellen. Die Naturwissenschaften stellten den Menschen der Natur gegenüber – ein «Befreiungsakt»; sie machten ihn zum Zuschauer. Aus dem Zuschauerbewusstsein wurden aus dem Naturganzen die physischen Gesetze gedanklich herausfiltriert, in die Konstruktion von Maschinen umgesetzt und mit diesen im 20./21. Jahrhundert die noch moralisch involvierten, handelnden Menschen aus der Landwirtschaft heraus rationalisiert.

Die Geisteshaltung, die im Mittelalter aus dem Geist des Volkschristentums auf höherer Stufe dem Organismusprinzip landschaftsbildend zum Dasein verholfen hat, ist untergegangen. An die Stelle trat zunehmend der Agnostizismus. Die Kraft der durchchristeten Gemütsseele, die einst Ganzheiten formte, ist innerlich und damit auch in ihren äußeren Handlungen zersplittert. Zugleich aber hat die Menschheit auf der Grundlage dieses Todesprozesses die Kraft zum Selbstbewusstwerden und damit die Fähigkeit erworben, in sich selbst in Freiheit das Wesen des christlichen Seins und Werdens wiederfinden zu können.

Das Verlorene kann nicht aus denselben Impulsen restauriert werden, aus denen es entstanden ist. Die Menschheit ist über diese Entwicklungsphase hinausgeschritten. Sie ist zum Selbstbewusstsein und damit zur freien Selbstbestimmung in die Zukunft hinein erwacht. Wer als Landwirt ein neues Verhältnis zur Erde und zum Kosmos sucht, muss sich erstens fragen, welche Bedingungen es denn sind, die der landwirtschaftlichen Erzeugung aus der belebten und beseelten Natur zugrunde liegen, und zweitens, welche Maßnahmen aus diesen Einsichten zu ergreifen sind, durch welche sie auf neue Art kulturbringend und entwicklungsinaugurierend werden können. Die Antwort lautet: Der Landwirt muss darum bemüht sein, in Selbst- und Weltkenntnis seinen ganzen Ideenkosmos in Bewegung zu bringen, um die Universalität des Organismusgedankens im Geiste neu zu fassen; erst dann kann er das Erkannte in der Umsetzung in die Praxis durch die Praxis, durch das Tun sich bewahrheiten lassen.

Die Umsetzung bedeutet den Beginn einer dritten Metamorphose, die notwendig bei jeder Hofneugründung die Wiederholung der vergangenen Entwicklungsschritte auf höherer Stufe voraussetzt. An die Stelle der Kirche als Quelle moralischen Handelns tritt das im Selbstbewusstsein erwachte Ich des Menschen. Und an die Stelle der einst instinktiv-weisheitsvoll geführten Arbeit innerhalb der Dorfgemarkung tritt der erkennende Blick des Wesens des Bodens, der Pflanzen, Tiere und des Kosmos am gegebenen Standort. Mit der dritten Metamorphose vollzieht sich eine Wiedergeburt der Landwirtschaft. Was im alten Dorf sich als Polarität von Punkt (Kirche) und Umkreis (Dorfgemarkung) gleichsam wie von außen ausgestaltet hat, muss jetzt als geistig-seelischer Impuls von innen ergriffen werden. Das Bild der einstigen Dorfschaft muss jetzt innerlich als ideenerfüllte Bildgestalt erarbeitet werden. Es geht um die Wesenserkenntnis des Bodens, der rhythmischen Mitte zwischen den Höhen und Tiefen und um die Art seiner pflegenden Bearbeitung im Jahreslauf; es ist die Wesenserkenntnis der Kulturpflanzen, von deren Organfunktionen im Rahmen der Fruchtfolge sowie von deren An- und Nachbau; es ist die tiefere Einsicht in das Fortleben des «Organismus Landwirtschaft», in der Gliederung der Feldflur in Hecken, Feldraine, Buschwerk, Waldungen, Solitärbäume, Auen und Gewässer. Ferner geht es um die Wesenserkenntnis der Haustierheit und ihrer Vertreter, insbesondere des Rindes sowie der Wildfauna, und hier vor allem um diejenige der den vier Elementen verbundenen Tiergruppen: der Würmer in der Erde, der Fische im Wasser, der Vögel in der Luft und der Insekten in der Wärme. Und schließlich geht es um die Erkenntnis der Organfunktionen, die in ihrer Wechselwirkung von Geben und Nehmen die Totalität der inneren «Ökonomie» des Hofganzen ausmachen. Diese Wiederholung in der Neuausrichtung eines Hofes ist, jetzt in voller Bewusstheit, der dritte Schritt der Metamorphose in der Entwicklung des Organismusprinzips. Der erste Schritt war innerhalb des naturgegebenen «Organismus im Naturwachstum», der zweite war die Kulturleistung der Hirten und Ackerbauern in den vorchristlichen Hochkulturen. Er metamorphosierte sich und ging nach der Zeitenwende in den bäuerlich-christlichen Dorfschaften auf. Nach deren Kulturtod, spätestens Mitte des 20. Jahrhunderts, stehen wir an der Schwelle zu dem genannten dritten Schritt einer Metamorphose. Alles, was je an landwirtschaftlicher Kulturschöpfung geleistet worden ist, muss in individueller Ich-Erfahrung wiederholt werden.

Als ein Beispiel für viele möge ein Ausflug in den Ackerbau folgen und hier im Besonderen zur Frage der Bodenbearbeitung:

Der Ackerbau ruht auf drei Säulen: Düngung, Fruchtfolge und Bodenbearbeitung. Seit den Anfangszeiten des Ackerbaus geschah die Bodenbearbeitung mit dem ritzenden Pflug und der Spitzhacke. Im zweiten Schritt der Metamorphose kamen der ein- bis zweischarige, wendende Pflug und die Egge auf;

die Hacke nahm je nach zu verrichtender Arbeit verschiedene Formen an. Im Lauf des industriellen Zeitalters kamen der tiefer arbeitende Pflug, der Schälpflug, die schwere Egge, der Grubber und der Netzstriegel sowie mit Zapfwellen betriebene Geräte hinzu. Die Haustiere Pferd, Kuh, Ochse, Esel waren zunächst die Zugtiere. Mit dieser Ausstattung im zweiten Schritt der Metamorphose entwickelte sich der landwirtschaftliche Organismus zur nahezu vollkommenen Autarkie. Die Nachhaltigkeit der Bodenfruchtbarkeit war mit der Düngung aus dem eigenen Viehbestand und der Fruchtfolge der Dreifelderwirtschaft gewährleistet.

Im Zuge der heraufkommenden industriellen Produktionsverfahren entstand ackerbaulich die Monokultur, und sozial fand die Abwanderung von der heimatlichen Scholle statt. Die Zugmaschinen wurden immer PS-stärker, die Arbeitsgeräte breiter und technisch ausgefeilter, die Pflüge wurden immer tiefer pflügend und waren pro Schar mit immer breiter zu versetzendem Pflugbalken versehen; die chemische Unkrautbekämpfung ließ Striegel und Hacke verschwinden. Die Nachhaltigkeit der Bodenfruchtbarkeit und eine darauf abgestimmte Bodenbearbeitung sind aufgrund der jährlichen Mineralsalzdüngung nicht mehr gefragt. Das zweite aus dem Christentum herausgewachsene Stadium der Organismusbildung ist gestorben und wird durch elektronische Regeltechnik vollends zu Grabe getragen.

Die Antwort auf den Kulturtod der zweiten Metamorphose des Organismusprinzips gab Rudolf Steiner vor hundert Jahren, 1924, mit dem «Landwirtschaftlichen Kurs». Dieser leitete, wie erwähnt, eine dritte Metamorphose ein. Erst später in der zweiten Hälfte des 20. Jahrhunderts wuchs, unabhängig von dieser Inauguration, das allgemeine ökologische Bewusstsein. Mit Ausschließlichkeit – und das gilt auch für den biologisch-dynamischen Landbau – hat man die Aufmerksamkeit einseitig auf den Bodenfruchtbarkeitsträger Humus gelenkt, nicht zugleich auf die Prozesse der kristallinen Tonmineralien.

Die Humusbearbeitung

Der Humus unterliegt im Frühjahr bis gegen den Sommer abbauenden Prozessen; es tritt ein Humusverlust ein. Im Spätsommer bis in den Herbst treten hingegen humusaufbauende Prozesse in den Vordergrund, die den Verlust kompensieren. Über den Winter herrscht prozessual Ruhe.

Im Frühjahr sollte die Pflug- und Grubberarbeit ruhen, es sei denn, es geht um den Umbruch einer Winterzwischenfrucht (Landsberger Gemenge, Wickroggen) zur Saat schnell wachsender Nachfolgekulturen (Pflanzrüben, Feldgemüse). Für das Frühjahr gilt die pflegende «Hautbearbeitung», das Striegeln der Winterung und Sommerung sowie die Saatbettbereitung für die Sommerfrüchte mit Egge und Krümler. Der Aussaat geht zeitlich ein zweiter Eggenstrich zur Bekämpfung der keimenden Unkräuter voraus. Nach dem Auflaufen der Saat ist nach jedem Regenguss eine Krustenbrechung mit Netz- oder Federzahnstriegel, ggf. eine Maschinenhacke bis zum Schossen des Getreides erforderlich. Sie dient der Bodenbelüftung und der Unkrautvertilgung.

Im Sommer wird bei den Hackfrüchten die Hautbearbeitung bis zum Schließen der Reihen fortgesetzt. Im Getreidebau erfolgt direkt nach der Ernte und dem Räumen des Strohs der Stoppelsturz, eine bis auf Garetiefe (ca. 8 cm) reichende, mischende Mulchbearbeitung. Mit dieser und einer Gründüngungseinsaat erfolgt die Wende vom Humusabbau zum Humusaufbau und damit die zur Öffnung des Boden gegenüber dem Wirken der Erdentiefenkräfte in Herbst und Winter.

Im Spätsommer und Herbst ist die Zeit der Ausbringung des gereiften Tiefstallmistes und der Komposte durch flaches Einpflügen. Der Mischungseffekt des Grubbers ist zu gering. Der Grubber ist hilfreich nach frühräumenden Hackfrüchten (Kartoffeln) und locker krümelndem, trockenem Boden. Bei späträumenden Hackfrüchten und stark befahrenem und zu feuchtem Boden kann nur eine Herbst-Winterfurche zur Spätsaat der Winterung oder zur Frühjahrssaat, der Sommerung, in Betracht kommen. Eine wurzelreiche Nachernte-Gründüngung fördert das humusaufbauende Wurmleben im Boden. Vom Spätsommer bis zum Spätherbst reift der Humus aus zum Ton-Humuskomplex.

Die Tonbearbeitung

Im Winter bzw. Spätherbst kann getrost die Winterfurche, eine wendende Tiefenbearbeitung (bis 20 cm) erfolgen. Zu dieser Zeit ist bereits das gesamte Bodenleben in den winterlichen Ruhezustand übergegangen, so auch der «Universalsamen» Humus in die Form des Dauerhumus. In diesem wird im Winter der vorausgegangene Jahreslauf nachbereitet und der künftige vorbereitet. Die bodenbearbeitende Hand des Menschen ruht. Der ferne Fixsternhimmel des Makrokosmos in Verbindung mit dem Dauerfrost bearbeitet jetzt den Boden, die Mitte der Höhen und Tiefen. «Wenn der Januar zu Ende geht, haben die mineralischen Substanzen der Erde die größte Sehnsucht [...] kristallisch rein zu werden im Haushalt der Natur.»[45]

Die Pflugbearbeitung

Der Bodenbearbeitung obliegt die Aufgabe, beide Prozesse im Jahreslauf, die Humus-Dynamik sowie die Kiesel-Tondynamik, zugunsten einer bodenständigen Dauerfruchtbarkeit zu lenken. Zu diesem Ziel hat der Pflug unverändert seine Vormachtstellung gegenüber dem Grubber oder jedem zapfwellenbetriebenen Gerät. Der Grubber lockert gut mit verteilter Schleifsohle, aber er mischt nicht oder nicht genügend, vor allem nicht in der Senkrechten. In der Nässe schafft er verpresste Kluten im oberen Bodenprofil, die sich im folgenden

Frühjahr kaum oder zu spät in eine Krümelstruktur zurückbilden. Was sich mit dem Schwergrubber mit Häufelstreichblech mancherorts eingebürgert hat, ist das Anlegen von Dämmen. Die darauf ausgesäte Gründüngung sowie die Unkrautbedeckung sollen den Humusprozess möglichst über den Winter hin lebendig erhalten. Die Dammsohlen, teilweise entblößt von ihrer Humusbedeckung, bleiben feucht durch kapillaren Wasseraufstieg und verdichten sich dauerhaft bei jeder folgenden Bodenbearbeitung. Eine mechanische Unkrautbekämpfung ist in der Dammsohle (zu feucht) und der Dammkrone (eher trocken mit rieselnden Krümeln) mit Exakthacke der Kulturreihen nur sehr begrenzt möglich, das Striegeln nahezu ausgeschlossen. Es besteht die Tendenz zur fortschreitenden Verunkrautung und, besonders im Bodenprofil, zur Bildung eines klutendurchsetzten Saatbetts. Die Folge ist, dass die Hackfruchtschläge, die allgemein als Reinigungsfrucht in der Fruchtfolge gelten, nun zur Unkrautvermehrung neigen.

Gegenteilig zur ausschließlichen Grubberbearbeitung verhält sich der Pflug. Er steht im Dienste der Humuspflege, wie der Schälpflug, der flach die krümelnde Gareschicht beim Stoppelsturz flächendeckend unterfährt und über das steiler stehende Streichblech den aufgebrochenen Pflugbalken verschert und krümelnd, wendend, schüttend und die Stoppel einmischend abwirft. Es ist von oben, vom Stoffwechselpol her gesehen, ein erster Schritt der Chaotisierung, der die Humusbildung im Jahreslauf einleitet. Ein zweiter Schritt einer Chaotisierung ist die tiefere Saatfurche (ca. 17 cm), für die noch im Vorwinter sich bestockende Winterung von hauptsächlich Roggen und Gerste. Der dritte und eigentliche Schritt der Chaotisierung bringt die tiefere Winterfurche (18–20 cm). Sie chaotisiert den in belebten Schichten im Jahreslauf aufgebauten Boden und öffnet ihn den kristallbildenden Winterkräften. Man kann die Winterfurche auch das «Tonpflügen» nennen. Die im Sommerhalbjahr durch Starkregen in den Unterboden verlagerten Tonteilchen werden, in Ergänzung zur Regenwurmarbeit, wieder zur Oberfläche in den stoffwechselaktiven Oberboden zurückgeführt. Die sich ausbreitende Schneedecke über der Winterfurche ist das sinnfällige Bild der in die Erdentiefen, in den silikatischen Untergrund einstrahlenden Kräfte des Fixsternkosmos.

Die wahre Bedeutung der Pflugarbeit muss neu entdeckt werden. Der Pflug, in rechter Weise konstruiert und eingesetzt, ist das Zentralgerät aller Bodenbearbeitung. Wie kein anderes Gerät ist er der formende Plastiker des Zwerchfellorgan-Bodens unter den Kräften der Höhen und Tiefen. Das Hauptproblem in der Pflugarbeit ist die geforderte Schlagkraft. Sie bedingt eine hohe Zugkraftleistung, eine breite Reifenauflage und ein entsprechend hohes Eigengewicht des Traktors. Die hohe Schlagkraft ist energieaufwendig. Sie erfordert bei zugleich erstrebter wesentlich größerer Pflugtiefe einen überbreiten Schnitt des Pflugbalkens, eine Mehrscharigkeit sowie länger ausgezogene, groß dimensionierte Streichbäche. Dem Bedürfnis, die Pflugarbeit wieder auf das bodengerechte Maß zurückzuführen, versuchen wenige neuere Pflugfabrikate nachzukommen.

Sie erlauben eine einstellbare Pflugtiefe von 12 bis 18 cm, eine schmalere, verstellbare Schnittbreite, und verfügen im Hinblick auf eine gut mischende Schüttung über ein relativ kurzes, steil gestelltes Streichblech.

Die Pflugarbeit schafft eine gleichmäßige Tiefe, eine planebene Lockerschicht, in deren Groß- und Feinporen Wärme, Luft und Regenwasser gleichmäßig eindringen können. An der Grenze zum Unterboden ist die Kapillarität unterbrochen – auch infolge Versatzes des Pflugbalkens. Infolgedessen erwärmt sich der Boden im Frühjahr schneller, sodass die Unkräuter vor dem Arbeitsgang der Saat keimen. Der Pflug, mit seitlich nebenher laufendem Untergrundpacker, versetzt den Boden in den geeigneten Zustand für die Herbstsaaten, die Sternwalzegge als Pflugnachläufer bereitet den Boden vor für die Frühjahrssaaten. Damit kann zeitig im Frühjahr die

Hautbearbeitung (2–3 cm tief) mit Egge, Striegel und Hacke beginnen. Die Striegelbearbeitung dient, möglichst nach jedem Regenguss bis zum Schossen des Getreides, der Krustenbrechung, Durchlüftung, Verdunstungsminderung und Unkrautbekämpfung. Bei den Hackfrüchten geschieht dies bis zum Schließen der Reihen.

Erst das sach- und zeitgerechte Pflügen leitet über zu einer Nachfolgebearbeitung der Saat, zu einer Pflege, die den Anspruch erheben kann, eine Ackerbaukunst zu sein. Die Voraussetzung dafür ist, dass man die Summe raum-zeitlicher Phänomene, die der Boden im Jahreslauf und im Zusammenhang mit den Kulturen zeigt, beobachtet und denkend bewegt. Verfolgt man diesen Weg mit gebotener Strenge, kann die Kunst der Bodenbearbeitung nie weder zur Ideologie verkommen noch der Routine verfallen. Sie wiederholt bewusst auf höherer Stufe, was künstlerisch-instinktiv im christlich-abendländischen Landbau Praxis war.

Der Organismus als Leib der landwirtschaftlichen Individualität

Er umfasst die geschilderten Höhen und Tiefen des Stoffwechsel- und Kopfpols und die Durchdringungszone beider, den Boden als das Zwerchfellorgan. Die Bebauung und Pflege des Bodens, der Mitte zwischen Kosmos und Erde, ist das Wirkensfeld der Landwirtschaft. Im und durch den Boden wird Erscheinung, was in ihm selbst, was in den Kräften der Höhen und Tiefen verborgen lebt. Was erscheint, ist je nach Standort erdgebundene Schöpfung, die Existenzgrundlage für Pflanze, Tier und Mensch, es ist der mehrfach genannte «Organismus im Naturwachstum». Der Beitrag, den die Landwirtschaft erbringt, ist, die vergangenen Wirkensbedingungen so zu lenken und zu leiten, dass aus dem bloßen Natursein eine Pflanzstätte der Kultur werde. Eine solche ist über Jahrtausende durch geistgeführte Menschenarbeit in der Form des Kulturbodens, der Kulturpflanzen und der Kultur- oder Haustiere entstanden. Menschengeist und -arbeit waren es, die die naturgegebene Schöpfung ein Stück weit über sich hinaus führten. Daraus entstand die erste große Metamorphose des Naturseins in den Zeitaltern der vorchristlichen Hochkulturen, vor allem des Orients. Die zweite Metamorphose vollzog sich, wie erwähnt, unter dem Einfluss des Christentums. Alle Elemente der Landwirtschaft – Ackerbau, Viehhaltung, Weidewirtschaft, Garten-, Obst- und Waldbau – wurden in maßvollem Verhältnis zueinander in Beziehung gebracht; der Kulturboden wurde dadurch auf die höhere Stufe der bodenständigen Dauerfruchtbarkeit erhoben. Mit dem «Landwirtschaftlichen Kurs» Rudolf Steiners wird eine dritte Metamorphose des Organismusprinzips eingeleitet. Dieser Kurs baut auf der Wiederholung der vor- und nachchristlichen Werdestufen der Landwirtschaft auf. Auf diesen Grundlagen aus der Geistesforschung ist der Keim gelegt, dessen Entfaltung durch Geist, Herz und Hand des Landwirts den landwirtschaftlichen Organismus zum Träger einer Geistwesenhaftigkeit erhebt, die aus der Zukunft hereinwirkt. Dieselbe Geistigkeit lebt im Menschen als Ich. Sein Wesenskern ist es, der den eigenen leiblichen Organismus zu einem Inkarnationsgefäß macht.

Die Geistesforschung Rudolf Steiners leitet dazu an, diese Metamorphose in die Zukunft ins Werk zu setzen. Dazu aber muss das Kulturerbe der Vergangenheit auf der gegenwärtigen Entwicklungsstufe der «Bewusstseinsseele» wiederholt werden. Die Wiederholungsschritte sind, nochmals zusammengefasst, die folgenden.

I Die Wiederholung des «Organismus im Naturwachstum»:

a) Die Anlage von Hecken, Feldgehölzen, Baumalleen, Mischwäldern, Blühstreifen, Feldrainen, Teichen

b) Die Erhaltung von Feuchtwiesen, Auen, Mooren etc.

1. Metamorphose

II Die Wiederholung der Kulturleistungen der vorchristlichen Hochkulturen des Orients

a) Die züchterische Schöpfung neuer Kulturpflanzen aus Wildgräsern zu Getreide und Wildkräutern zu Gemüsekulturen, aus Wildgehölzen, Beeren und Stammobst sowie die Weiterentwicklung samenfester, standortsangepasster Sorten aus dem alten Kulturerbe

b) Die Bodenbearbeitung mit Spitzhacke und ritzendem Pflug, später des wendenden Pflugs und der Egge

c) Die leiblich-seelische Umwandlung von Wildtierformen zu menschenzugewandten Herdentieren sowie die Weiterentwicklung bzw. die Rassenvielfalt

d) Die Bewässerung durch Überflutung über Kanal- und Grabensysteme und Furchenbewässerung

e) Düngung durch Hochflutsedimente

f) Loses Nebeneinander von Ackerbau, Viehhaltung, Weidegebieten, Gartenbau, Obstbau und Wald

2. Metamorphose

III Die Wiederholung des Kulturerbes der nachchristlichen Zeit, insbesondere seit dem Ende der Völkerwanderung.

a) Integration von Ackerbau, Viehhaltung, Wiesen- und Weidewirtschaft, Obst- und Waldbau in maßvoller gegenseitiger Wechselbeziehung sowie Gewässerwirtschaft

b) Dorfschaften sowie Lehens- und Weilerhöfe als geschlossene Kulturorganismen

c) Die Haustierwerdung in Stallhaltung; Wanderschäfer, den Dorfgemarkungen zugehörige Allmend- und Waldweiden, Gemeinschaftsweiden auf Brachflächen

d) Fütterung: im Sommer Weide, Acker- und Waldweide, im Winter Wiesenheu, Stroh, Rüben

e) Ackerbau: Dreiheit von:

Bodenbearbeitung: Schälpflug, Pflug, Egge, später Netzstriegel; Variation von Handgeräten

Fruchtfolge: Dreifelderwirtschaft: Winterung, Sommerung, Brache, oder Wechsel von Grünland und Ackerland; später Besömmerung der Brache (Kleegras)

Düngung: Mergelkalkung, Stallmist, Jauche, Kompostierung im Garten- und Beerenobstbau

f) Pflanzenzüchtung: Landschaftsgebundene sogenannte Landsorten, Nachbau mit gelegentlichem regionalem Saatguttausch. Zuletzt Beginn von Kreuzungszüchtung und Auslese

g) Wasserhaushalt: Trockenlegung ausgedehnter Waldsumpfgebiete, Regulierung von Grundwasserständen

h) Regulierung von Flussläufen durch Wehre (Mühlen, Dämme, Grünland auf Überflutungszonen)

i) Bewässerung: Grabensysteme mit Überlauf-Hangbewässerung, Buckelwiesen

Es folgt eine 3. Metamorphose in die Zukunft

Diese drei großen Kulturschritte der Landwirtschaft bilden die Grundlage einer dritten Metamorphose. Der Impulsgeber derselben ist die anthroposophische Geisteswissenschaft Rudolf Steiners, die genannte Wesenserkenntnis des Menschen und der Welt. Durch sie erhält jeder Handgriff des Alltags geistig-moralisches Gewicht. Man tastet nicht mehr im Dunkeln; man sieht einen Erkenntnisweg vor sich, durch welchen man die oben genannten Tätigkeitsfelder geistig wie neu begründet erkennt und damit einen Entwicklungsweg der Landwirtschaft vor sich sieht, der im Gegenwärtigen das Zukünftige an das Vergangene anschließt. Diese verwandelnde Kraft liegt allen Maßnahmen zugrunde, die im «Landwirtschaftlichen Kurs» angesprochen sind und die darauf zielen, den Organismus des landwirtschaftlichen Betriebes zum Leib einer «sich mit Wesen erfüllenden Individualität»[46] zu gestalten.

Der Ausgangspunkt, diese dritte Metamorphose der Organismusentwicklung ins Werk zu setzen, ist physisch, seelisch und geistig der Mensch. Die Geisterkenntnis leitet zu einer Arbeit an, die sich auf das «Zwerchfellorgan», den Boden, richtet und über diesen herunterwirkt in den Kopfpol und heraufwirkt in den «Bauch» der Landwirtschaft. Der Boden, in seiner Mineralnatur, ist «Werk» der Vergangenheit und ebenso das Wirken der Kräfte des «Oben und Unten». Die geisteswissenschaftlichen Anregungen Rudolf Steiners zielen darauf, durch eine neuartige Düngung die «Mitte» zu befähigen, selbst eigenaktiv zu werden und die Kräfte der Höhen und Tiefen sich dienstbar zu machen. Mit dieser «Wesenserfüllung der Mitte» wird das Geheimnis der Düngung offenbar: Es geht um «die Belebung des Festen, Erdigen selber»[47], die Rückführung und Verwandlung des anorganisch-toten Stoffes in den belebten Zustand.

Die anthroposophisch-geisteswissenschaftlich impulsierte Landwirtschaft fügt zu den oben genannten, aus der Vergangenheit vorgebildeten Arbeitsfeldern ein neues, diese verwandelndes Arbeitsfeld hinzu. Es ist das umfangreiche Feld des Umganges mit den sogenannten biologisch-dynamischen Präparaten, ihrer Herstellung und Anwendung. Es bildet den Kern des anthroposophisch orientierten Landbaues. Dieser Kern kann in Wesen und Bedeutung nicht weit und tief genug gedacht werden. Die Gewinnung der Präparate geschieht möglichst innerhalb des gegebenen Hoforganismus, ihre Wirksamkeit, die Belebung der «Mitte» zur Eigenaktivität, ist «wesenerfüllend». Worauf es zu diesem Ziel ankommt, ist «das Unbedingte Arbeiten»[48]. Man kann diesen Aufruf so verstehen, dass die Initiativgemeinschaft des Hofes sich denkend, fühlend und wollend der Aufgabe hingibt, das polare Sondersein in den Naturreichen zu höheren Synthesen heraufzuführen. Was damit gemeint ist, soll im Folgenden verdeutlicht werden.

Ein methodischer Aspekt hinsichtlich der Herstellung der Präparate

Die Art der Herstellung der Präparate und ihrer Anwendung zielt auf die Belebung der anorganischen, toten Stoffeswelt und auf die Aufschließung der Pflanze gegenüber ihren höheren, im Kosmos beheimateten Wesensgliedern. Der methodische

Weg, dieses zu bewerkstelligen, erfolgt durch Umstülpungsprozesse. Ein Sinnlich-Äußeres wird umgestülpt in ein übersinnlich wirkendes Inneres. Zum Beispiel wird Kuhfladenmist, in einem anderen Fall Quarzmehl, in die innere Höhlung eines Kuhhorns gefüllt. Das Kuhhorn, selbst ein Äußeres, diente im Zusammenhang mit der Kuh einem inneren Prozess, indem es den arteriellen Blutstrom vom Herzen zum Kopf hin in den Verdauungspol zurückstaut. Als Äußeres, als von der Kuh abgelöstes Organ, wird dieses erneut zu einem Inneren, indem es in die Wintererde (Hornmist) bzw. Sommererde (Hornkiesel) vergraben wird. In Vertretung der Kompostpräparate soll als ein weiteres Beispiel der Umstülpungsprozess bei der Herstellung des Löwenzahnpräparates betrachtet werden. Die Blüten des Löwenzahns – die höchste, nach außen gerichtete Offenbarung des Wesens der Pflanze – werden allseitig mit der Gekrösemembran einer Kuh (Bauchfell) umhüllt. Ein zuvor Äußeres wird ein Inneres. Das Bauchfell selbst war in der Kuh ein aktives Innenorgan; jetzt ist es, umgestülpt, eine äußere Hüllenmembran. Mit seinem Blüteninhalt wird es in Steigerung abermals ein Inneres, indem es im Herbst in die Erde vergraben und dort in feuchter Erde den kosmischen Winterkräften ausgesetzt wird. Dies ist die Handlungsangabe Rudolf Steiners im «Landwirtschaftlichen Kurs». Es hat sich mehr und mehr eingebürgert, in methodischer Anlehnung an das Schafgarbenpräparat und eine so deutbare Anmerkung Rudolf Steiners in den Notizen («Därme aufhängen»[49]) auch das Löwenzahnpräparat im Sommer in Luft und Wärme aufzuhängen und den kosmischen Wirkungen zu exponieren.

Im Präparationsgeschehen finden polare raum-zeitliche Umstülpungsprozesse statt. Es entstehen Substanzbeziehungen bzw. -verwandlungen neuer Art, als Ergebnis gegenseitiger kräftemäßiger Durchdringung von Formen und Substanzen physischer, belebter und durchseelter Herkunft.

Die Beseelung des landwirtschaftlichen Organismus, eine plastisch-künstlerische Tätigkeit

Wie die herkömmliche Technik die Naturwissenschaften, die Physik und Chemie und damit die Gesetze der physisch-anorganischen Natur zur Grundlage hat, geht die Herstellung der biologisch-dynamischen Präparate aus einer Art Technik der anthroposophischen Geisteswissenschaft, der Wesenserkenntnis der physischen, belebten und beseelten Natur hervor. Ihre Herstellung ist zeitgebunden an den Jahreslauf, an die Zeiten um Ostern und Michaeli. Jeweils davor oder danach gruppieren sich die vielfältigsten vorbereitenden Tätigkeiten und diejenigen der Anwendung.

Die jahreszeitlichen Vorbereitungen

Über den Winter werden Quarz und Orthoklas-Feldspat zerkleinert – ein Chaotisierungsprozess – und über Siebsätze in feinstes Kieselmehl zerrieben, das dann zur Osterzeit in Kuhhörner gefüllt wird. Zur selben Zeit im April blüht der Löwenzahn auf Wiesen und Weiden: Seine Blüten werden gesammelt und entweder direkt präpariert und den folgenden Sommer über aufgehängt oder luftgetrocknet und, der Angabe Rudolf Steiners im «Landwirtschaftlichen Kurs» gemäß, erst im Herbst der Wintererde übergeben. Im Mai wird der zur Blüte gekommene Brennnesselspross geschnitten, gehäckselt und sogleich in dieser Form an einem im Voraus gewählten Ort des Hofes vergraben. Ohne eine tierische Organhülle verbleibt die Brennnesselpackung ein ganzes Jahr in der Erde vergraben. Im Juni folgt das Sammeln der Blüten der echten Kamille; sie ist an Wegrändern oder in den lichten Vorgewenden der Getreidefelder zu finden. Die Blüten werden luftgetrocknet und bis zur Herbstpräparation aufbewahrt. Anfang Juli blüht der Baldrian. Er findet sich an Gewässeruferzonen, an Hangdruckwasserstellen und Waldsäumen. Seine Blütenstände werden geerntet und sogleich gepresst. Der an ätherischen Ölen reiche, duftende Saft wird in Flaschen abgefüllt und in dieser Form bis zur Anwendung aufbewahrt. Mitte/Ende Juli werden die weiß-rosa strahlenden Blütenschirmchen der Schafgarbe auf Wiesen und Weiden gesammelt, die Einzelblütchen abgeschnitten, getrocknet und bis zur weiteren Präparation im Frühjahr aufbewahrt. In derselben Zeit ist der Ackerschachtelhalm erntereif. Die Sprosse werden gesammelt, getrocknet und im Herbst bis Frühjahr in Form von Tee auf die Böden ausgespritzt. Im August/September ist die Zeit, die Eichenrinde (Borke) von älteren Eichen mit dem Zieheisen abzuschaben und die Borkenmasse in einen bröseligen Zustand zu zerkleinern. Die da und dort geübte Praxis, die belebte Rinde jüngerer Eichen über dem Kambium abzuschälen (Eichenlohe), beruht meines Erachtens auf einem Missverständnis.[50] Unmittelbar zu Michaeli, am 29. September, werden wohlgeformte, frische Kuhfladen, am besten von der Herbstweide, zum Stopfen in die Kuhhörner gesammelt.

Das ganze Sommerhalbjahr hindurch hat man so die Gelegenheit, ebenso gründlich, wie man dem Anbau der Kulturpflanzen und der Haltung der Haustiere Aufmerksamkeit schenkt, sich dem Wesen der sonst nur im Vorübergehen beachteten Wildkräuterflora erkennend zuzuwenden.

Die Wahl der tierischen Organhüllen erfolgt, ebenso wenig wie die Wahl der Präparatepflanzen, aus einer äußerlich-naturgegebenen Veranlassung. Sie ist geisteswissenschaftlich begründet. Ihre Bereitstellung erfordert ebenso ein vorausschauendes Bewusstsein des Präparategeschehens im Jahreslauf. So muss man bei jeder Schlachtung einer Kuh auf die Rückgewinnung der Hörner achten und besonders darauf, dass die Hörner, ohne Schaden zu nehmen, sorgfältig von Schädel und Knochenzapfen getrennt werden. Diesbezüglich ist so weit wie möglich eine persönliche Überwachung der Schlachtung zu empfehlen.

Bei fabrikmäßigen Schlachtungen ist dies nicht mehr möglich. Das gilt auch für die Bereitstellung der anderen Hüllenorgane der Kuh. Bezüglich des Mehrbedarfs an Kuhhörnern, auch um deren Ersatz nach ca. dreijährigem Gebrauch zu sichern, ist es empfehlenswert, die Zusammenarbeit mit einer regionalen Schlachterei zu suchen. Die wenigen Hörner, die für die Herstellung des Hornkieselpräparates gebraucht werden, sollten bevorzugt aus der hofeigenen Herde genommen werden.

Bis auf die Hirschblasen vom männlichen Tier stammen alle Organhüllen von den Haustieren, vor allem von der Kuh. Die Hirschblasen für die Herstellung des Schafgarbenpräparates liefern die Jäger zur Jagdsaison. Die Blasen müssen getrocknet, aufbewahrt und vor Gebrauch im Frühjahr angefeuchtet werden. Für die Gewinnung der übrigen Organhüllen, Dünndarm und Bauchfell, sollten diese möglichst von einer Kuh entnommen werden, die unmittelbar vor der Präparation geschlachtet wurde. Bei Hofschlachtungen fallen auch die Kuhschädel an, die, wie auch die von anderen Haustieren (Pferd, Schaf, Ziege), für die Präparation der Eichenrinde genutzt werden können.

Das Verständnis der Nutzung der Organhüllen der Kuh aus dem eigenen Bestand kann man vertiefen, wenn man versucht, zunächst sich ein Bild von der Funktion dieser Organe am lebenden Tier zu machen, das zur Schlachtung im Herbst vorgesehen ist. Daran anschließend kann man sich das polare Bild vor die Seele stellen, welche Funktion die Organhüllen dann erfüllen, wenn sie halb- oder ganzjährig in den Elementen des Irdischen den Strahlungskräften des Kosmos exponiert werden.

Die Präparation, ein Oster- und Michaeli-Ereignis

Die jahreszeitlichen Knotenpunkte der Präparateherstellung sind Ostern und Michaeli. Ersteres ist mit der Stimmung des aufsteigenden, letzteres mit jener des Beginns des absteigenden Jahres verbunden. Zur Osterzeit werden die im Boden überwinterten Präparate ausgegraben, wie das Hornmistpräparat sowie das Kamille-, Brennnessel-, Eichenrinde- und Löwenzahnpräparat. Sie werden im Präparatekeller in mit Torf ummantelten Tongefäßen aufbewahrt. Zur selben Zeit werden die mit Kieselmehl gefüllten Kuhhörner in die Sommererde und das frisch gehäckselte Brennnesselpräparat über ein ganzes Jahr, also über die vier Jahreszeiten hinweg, eingegraben.

An Michaeli werden all jene Präparate zubereitet, die dem kosmischen Winterprozess im Boden exponiert werden. Es ist die große Zahl mit Kuhmist gefüllter Hörner sowie das Schafgarben-, Kamille-, Eichenrinde-, und Löwenzahnpräparat.

Es ist ein reichhaltiges Programm, welches in freier, offener Seelenstimmung in Denken und Fühlen die eigene Tätigkeit besinnend, diese beiden Knotenpunkte in Frühjahr und Herbst zu neu erfahrbaren Festeszeiten macht. Zwei Aspekte dazu seien hervorgehoben.

Der esoterisch-übersinnliche Aspekt einer neuen Landbaukultur

Jedem Schritt der Präparatearbeit liegt ein aus der Geistesforschung veranlasster Handlungshinweis zugrunde. Die durch die Sinne vermittelten Welterscheinungen werden gegenständlich erlebt und denkend erfasst. Als Gegenstände sind sie räumlich voneinander gesondert; sie sind in ihrem jeweiligen Zustand gewordene, zu Ende gekommene Formgebilde, gleichgültig, ob Ei, Raupe, Puppe oder Schmetterling. Die

Arbeit mit den Präparaten ist aber eine solche, dass durch Menschenhand Kräfte in den Naturzusammenhang eingeführt werden, die vom «Inneren» der Natur her verwandelnd auf das Gewordene wirken. Diese Arbeit erweckt ein Gefühl, das umso mehr an Sicherheit gewinnt, je mehr man sich selbst als den aus dem Geiste heraus tätigen Verursacher erlebt, je mehr man sich zu dem Bewusstsein aufschwingt, dass der schöpferische Quell der eigene Ich-Wesenskern ist. Die Arbeit desselben ist, wie schon angedeutet, eine doppelte: Einerseits arbeitet der Geist des Menschen, sein Ich, während des Erdendaseins verwandelnd und veredelnd an den leibbildenden Wesensgliedern, andererseits bildet er an der Erde oder formt sie willkürlich um durch seinen technischen Erfindergeist.

Am fortgeschrittensten arbeitet das Ich am Seelenleib. Diesen hat der Mensch mit dem Tier gemein. Er macht die Sinnesempfindungen bewusst. Durch die Tätigkeit des Ich, das die Tiere nicht haben, wird der Seeleninhalt ein bleibender, er wird erinnerbar. Die reine Geistigkeit des Ich durchdringt den Seelenleib. Das Wirken des Ich ist darauf gerichtet, die Seele zum Geist hin zu weiten, sie aus der Leibgebundenheit zu lösen, sie dem Ich anzuverwandeln. So ist das Ich im Erdenwirken des Menschen der große Innovator und Impulsgeber für die Entwicklung des Menschen und der Erde.

Aber nicht nur arbeitet das Ich am Seelenleib, sondern es durchdringt auch den Lebensleib, den der Mensch mit allem Pflanzlichen gemein hat. Er schafft sich in diesem Wesensglied eine Ich-Organisation, die sich in ihren Wirkungen aus unbewussten Tiefen des Leibes kundgibt, zum Beispiel in den Temperamenten, den Charaktereigenschaften sowie in dem Vermögen, Gedanken zu bilden. Die Kraft des Ich im Lebensleib bildet an diesem und formt ihn um zu immer höherer Geistbefähigung.

Auch der physische Leib, in welchem die Gesetze der mineralisch-anorganischen Natur walten, durchdringt das Ich mit einer Ich-Organisation. Sie kommt zum Ausdruck beispielsweise in der Art, wie die physischen Gesetze weisheitsvoll in den Sinnesorganen, Auge, Ohr usw., konstituiert sind. Ja, die physische Ganzheit des menschlichen Organismus ist ein Bild des sie konstituierenden Ich des Menschen.

Der exoterisch-historische Aspekt in der Wiederholung der alten Landbaukulturen

Sehen wir ab von der Nutzung der Ressourcen der Erde durch den technischen Erfindergeist des Menschen. Diese Nutzung ist endlich, schafft Verbrauchsgüter und erzeugt naturfremden Müll. Seit vorgeschichtlicher Zeit bildet der Mensch durch seine Arbeit an der Erde. Diese Arbeit war von den Weisheitsstätten der alten Mysterien geführt. Die Menschen erhielten ihre Weisungen durch Priestereingeweihte. Dieses Weisheitsgut, das in sich den Keim der Organismusbildung enthielt, erbte sich nach dem Erlöschen der Mysterien traumhaft in einer Art Bilderbewusstsein fort. Erst mit dem Vordringen des Christentums, das heißt mit dem Ich-Erwachen in der Seele, entstand die Ich-gewollte, Ich-geführte Arbeit und mit dieser, vor allem in Europa, die allmähliche Herausgestaltung des Organismusprinzips in der Landwirtschaft als Abbild des Ich-Erwachens der Menschen. Es entwickelte sich die bäuerliche Dorfschaft zu immer größerer gemüthafter Sozialität mit der Kirche als Mittelpunkt des Gemeinwesens sowie peripher einem landwirtschaftlichen Umkreis, der Dorfgemarkung. Das Christentum, als Auslöser des Ich-Erwachens, stand am Ausgangspunkt der Entwicklung zum weitgehend «in sich geschlossenen» landwirtschaftlichen Organismus. Was einst das Mysterienwesen und nachchristlich die Bedeutung der Kirche als Impulsgeber und Mittelpunkt waren, wird fortan das um sein Selbstbewusstsein ringende Ich, wird die zum Geist strebende Gemeinschaft sein.

Das abendländisch-landwirtschaftliche Organismusprinzip war die Synthese aller standörtlichen Naturgegebenheiten und aller aus vorchristlicher Zeit ererbten Kulturgüter der Landwirtschaft, wie Ackerbau, Viehhaltung, Garten-, Obst-, Waldbau sowie Weide-, Wiesen- und Gewässerwirtschaft. Alle diese Elemente standen standörtlich in einem maßvollen Wechselverhältnis zueinander und schufen das in Dorforganismen gegliederte Bild der Kulturlandschaft.

Dieses kulturlandschaftliche Kunstwerk des abendländisch-christlichen Landbaus wiederholt sich, wie schon angedeutet, in Metamorphose als grundlegende Betriebsorganisation bei jeder Neubegründung eines Hofes aus dem Geist der Anthroposophie. Was einst aus der Kraft der durchchristeten Gemütsseele geschaffen worden war, muss fortan aus dem Erwachen des Ich in der Bewusstseinsseele neu begründet werden. Abstrakt und ohne tiefergehende Ideengrundlage bemüht sich darum der «biologische Landbau».

Die maßvolle Ich-geführte Aufeinanderzuordnung und Durchdringung der genannten Organe des landwirtschaftlichen Organismus bildet die Grundlage. Auf dieser kann in ideengetragener Praxis das Verständnis dafür wachsen, dass der Herstellung und Wirksamkeit der biologisch-dynamischen Präparate in einem sehr viel höheren Sinn das christliche Durchdringungsprinzip zugrunde liegt. In ihm kommt die Tätigkeit der Ich-Wesenheit des Menschen zum Ausdruck.

Das Durchdringungsprinzip am Beispiel des Schafgarbenpräparates

Rudolf Steiner beschreibt die Schafgarbe (Achillea millefolium) als «ein ganz besonderes Wunderwerk»[51]. Er beschreibt sie so, dass sie wie keine andere Pflanzenart den Schwefelprozess (Sulphur) und, in Verbindung mit diesem, den Kaliumprozess (Sal) beherrscht. Es würde hier zu weit führen, das morphologische und physiologische Erscheinungsbild der Schafgarbe zu schildern, wie sie in jeder Phase des Wachstums eine kosmisch-irdische Polarität des Verhältnisses von Schwefel und Kalium darlebt.[52] In der Wurzel ist dieses Verhältnis noch vom Kalium-Salz-Prozess dominiert; in Stängeln und in Sukkulenten, wie in der in Pfeilspitzen aufgelösten, feingliedrigen Blattspreite, kommt dieses Verhältnis von Stoff und Form ins Gleichgewicht. Dies zeigt sich in dem kaliuminduzierten Säftestau, in welchem sich die Eiweißbildung in den Blättern vollzieht. In der Blüte endet das Wachstum der Pflanze. Sie kann nicht in Steigerung über sich selbst hinauswachsen. Sie blüht auf, und nach kurzer Zeit schon welkt sie dahin. Das der Erde enthobene prozessuale Geschehen geht wieder im rein Irdischen auf. In der Blüte offenbart sich im Abbild das Wesen der Pflanze, dasjenige, was von der Keimung an verborgen als formende Kraft das vegetative und generative Werden der Pflanze durchdrungen hat. In der Blüte ist der Kalium-Salz-Prozess weitgehend seiner physischen Eigenschaften entkleidet; das Kalium ist sulphurisiert beziehungsweise ätherisiert, das heißt, es hat als Stoff die Eigenschaften des Lebendigen angenommen. Die Schafgarbe, und so in abgewandelter Form jegliche Blütenpflanzenart, durchdringt naturgegeben das Erdenstoffliche und anverwandelt es dem Lebendigen.

Daran knüpft sich meines Erachtens generell die Ausgangsfrage der Präparation der Kompostpräparate: Wie kann dieser nur einen Augenblick währende Prozess der vollendeten Stoffbelebung in der Blüte in diesem Stadium nascendi festgehalten, wie ihm Dauer verliehen werden? Lebt man sich in diese Frage ein, kann eine Antwort nicht aus der bloßen Sinnesanschauung des Blühprozesses gefunden werden. Man lernt aber verstehen, warum Rudolf Steiner für den ersten Schritt der Präparation eine Anleihe am höheren Tierreich macht. Im Fall der Schafgarbe wählt er ein Organ (die Harnblase), dessen Funktion im tierischen Organismus gerade diese ist, den Fluss der belebten Stofflichkeit des Nieren-Blasenprozesses durch die Empfindungskraft des Tieres bis in dessen Stauung in der Blase lebendig zu erhalten.

Für die Präparation der Schafgarbe – wie grundsätzlich für die aller Kompostpräparate (Sonderstellung Eichenrindepräparat!) – werden die Blüten verwendet. Im Sommer werden, wie schon angedeutet, die Blütenschirmchen gesammelt, die einzelnen Korbblütchen abgeschnitten und getrocknet. Im ersten Akt der Präparation übertreten wir die Schwelle der gegebenen Naturgesetzlichkeit. Wir nehmen die Harnblase eines männlichen Hirsches, stopfen in diese die wieder angefeuchteten Schafgarbenblüten und verschließen die Blase. Wie schon am Beispiel des Löwenzahnpräparates angedeutet, vollzieht sich eine Durchdringung von pflanzlicher Substanz und tierischer Formkraft im Sinne einer Umstülpung. Was vorher außen war, die zur Sonne sich öffnende Blüte, erfüllt jetzt einen Innenraum, und was vorher wesenhaft im Inneren des Tieres eine Funktion erfüllte, ist jetzt außen, eben das die Schafgarbenblüten umhüllende Organ. Diesem ersten Akt der Durchdringung von pflanzlicher Substanz und spezifisch tierischer Formkraft folgt ein zweiter: Die gefüllten Harnblasen werden den Sommer über, in der Zeit von Ostern bis Michaeli, über der Erde aufgehängt und den Kräften exponiert, die aus dem Kosmos über das Licht sowie über die Elemente Wärme und Luft wirksam sind. Diese Kräfte erhalten, im Durchgang durch das vom Wesen des Hirsches in Form und Substanz gebildete Blasenorgan, eine spezifische Prägung. Im dritten Akt des Fortganges wirksamer Durchdringung der Blütensubstanz mit den Kräften des Kosmos und den Tiefen der Erde werden um Michaeli die Hirschblasenkugeln heruntergenommen. Sie werden in den Boden vergraben und dort im Element des Erdig-Festen den einstrahlenden, kristallbildenden Kräften der Fixsternsphäre ausgesetzt. Auch die kosmischen Winterkräfte erhalten im Durchgang durch das Hautorgan der Hirschblase eine spezifische Prägung. Im zweiten und dritten Akt durchdringen, behaftet mit beider Prägung, die im Sommer und dann im Winter einstrahlenden Kräfte der Höhen und Erdentiefen die Masse der Schafgarbenblüten. Sie konzentrieren sich in ihnen und «verleihen dem Dauer» – so kann man den Hinweis aus der Geistesforschung verstehen –, was an Kaliumsalz in der Schafgarbe über Wurzel, Blatt und Stängel in der Blüte in den Zustand des Lebens erhoben wurde.

Während im ersten Akt eine Durchdringung von tierischer Substanzkraft sowie Formkraft und pflanzlicher Blütensubstanz herbeigeführt wird, vollzieht sich eine solche im zweiten und dritten Akt mit der des Physischen in Wärme-Luft und Wasser-Erde. Was sich im Gang der Evolution in die Naturreiche, in das Reich der Mineralien, Pflanzen und Tiere, auseinanderentwickelt und spezifiziert hat – hier wird es zukunftsgerichtet und, in jedem der Präparate anders, zu einem Ganzen vereinigt. Was sich in der Natur nach außen in Vollendung und in Sonderung offenbart, eben als Schafgarbenblüte, Hirschblase und als die elementarischen Gegebenheiten, die die «Mitte, das Zwerchfell», am Ort gestalten, ist zu Ende gekommen. In der Verschmelzung der zur höchsten Vollkommenheit gediehenen Schöpfung, durch Geist und Hand des Menschen, wird ein Prozess erkennbar, nach dem das Ich die Wesensglieder des Menschen durchdringt und dabei verwandelt. Dasselbe Prinzip, das Entwicklungsprinzip schlechthin, tragen wir arbeitend hinaus in die Natur, indem wir auf dem Weg der Präparation einen neuen Stoff schaffen, einen Dünger, der gleichermaßen belebend auf die physische, lebendige und beseelte Natur wirkt. Das gilt sowohl für die Kompostpräparate wie für die beiden Spritz- oder Feldpräparate. Die Düngewirkung beruht nicht auf analysierbaren Nährstoffgehalten. Bei den Präparatedüngern handelt es sich um Stoffkompositionen, die Träger eines fortwirkenden Kräftepotenzials sind. Sie sind Kräftedünger. Das macht auch verständlich, warum sie nur in einer Art homöopathischer Dosierung Anwendung finden. Im Fall der Kompostpräparate durchdringt ihr Kräftewirken die im Organismus des Hofes anfallenden organischen

Abfälle in Pflanzenkomposten beziehungsweise im Fall der Ausscheidungen der Tiere in Stallmistmieten, Tiefställen und in Jauchegruben. Die so präparierten halb oder ganz zu Dauerhumus ausgereiften Komposte oder Stalldünger tragen die Kräftewirkungen der Präparate hinaus in die Hofgemarkung. Sie durchdringen ihrerseits das Boden-Zwerchfellorgan und wirken ausgleichend auf die Höhen- und Tiefenkräfte.

Ein Gleiches gilt für die Spritzpräparate, das Hornmist- und Hornkieselpräparat. Beide sind auf dem Weg der Präparation zu neuen, nicht naturgegebenen Stoffen geworden. Sie sind Stoffe des Elementes des Erdigen und werden auf dem Weg der Präparation bis zur Anwendung über die Elementenzustände des Wassers, der Luft und der Wärme geführt. Beide Präparate werden in rhythmischem Wechsel der Drehrichtung von Hand eine Stunde lang gerührt. Die Kräftestrahlungen des «Erdig-Festen» der Präparate gehen, das Element des Wassers durchdringend, in diesem vollständig auf. Im Ausspritzen löst sich die Flüssigkeit feintropfig im Element der Luft auf, fällt wie Sprühregentropfen herunter und vereinigt sich mit dem Element der Wärme im Boden und derjenigen, die die keimende, wachsende und reifende Pflanze umhüllt.

Im Umgang mit Herstellung und Anwendung der biologisch-dynamischen Präparate wird allmählich der hohe Sinn, die Wahrheit, des eingangs erwähnten Zitates Rudolf Steiners fassbarer: «Der Mensch wird zur Grundlage gemacht.» Ebenso das folgende Zitat: «Sie müssen ja nur das eine bedenken [...], heute versteht eigentlich kein Mensch das Wesen der Düngung [...] außer denjenigen, die das aus Geistigem heraus wissen können, was eigentlich der Dünger für den Acker bedeutet.»[53] Die Düngung ist deshalb ein tiefes Geheimnis, weil es um die Frage nach dem Wesen des Stoffes geht. Der Mensch kann in Selbsterkenntnis erfahren, dass er kraft seines Ich ein sich entwickelndes Wesen ist. Durch die Ergebnisse der Geistesforschung kann sich diese Einsicht dahingehend vertiefen, dass man lernt, die eigenen Wesensglieder durchdringend und verwandelnd, sie zu höherem Menschentum heraufzuentwickeln. Dies ist ein zutiefst christlicher Werdeimpuls. Versucht man nun dem Geheimnis der Düngung nachzuspüren – und dies im Umgang mit den Schöpfungen aus der Geistesforschung, dem Präparatekanon –, dann kann sich deren Geheimnis ahnungsweise enthüllen, und dies vor allem, indem man sich selbsttätig als Teil des Prozesses versteht. Denn der Geist in uns ist der Veranlasser ihres Entstehens. Der Entstehungsprozess als solcher ist dazu veranlagt, ein freier Schöpfungsakt des Menschen zu werden. Sucht man nach zukünftigen Pfaden christlichen Wirkens über das eigene Selbstwerden hinaus, so ist das Ich der Träger des Entwicklungsgedankens in «das Innere der Natur». Die Erde, die Natur und ihre Reiche sind «Werk» geworden. Sie harren ihrer Entwicklung in die Zukunft. Diese kann ihr nur werden durch die Seelenentwicklung des Menschen. Der Mensch ist der Schlüssel und die Präparatearbeit ein Schritt auf dem Weg dieser Entwicklung. Wird dieser Schritt in Selbstlosigkeit und Freiheit getan, ist er in Liebe getan.

Die Präparatearbeit und die Organismusbildung, eine soziale Gemeinschaftsaufgabe

Der Ausspruch des Dichters Novalis: «Die Menschheit ist auf einer Mission, zur Bildung der Erde sind wir berufen»[54] deutet schon darauf hin, dass diese Mission nicht durch jene 2 Prozent der arbeitenden Bevölkerung erfüllbar ist, die heute noch in der Landwirtschaft tätig ist, und dies unter Ausschluss des Organismusprinzips sowie mit einer extremen technologischen Ausrichtung. Würde die Landwirtschaft sich diesem Ruf des Novalis stellen, die soziale Frage würde gänzlich neue Impulse und damit eine neue Zielrichtung bekommen. Sie würde sich auf ein Gebiet erweitern, das heute sozial brach liegt, das aber, wenn es sich aus dem Organismus- und Individualitätsgedanken gestaltet, eine Fülle von Handlungsansätzen im Sozialen begründen könnte. Hier sei nur jener Aspekt des Sozialen angeführt, der auf die Bildung des «Inneren der Natur» gerichtet ist, auf das, was ideengeführte Arbeit an der Natur bedeuten kann. Diese wurde in den vorangegangenen Darlegungen ansatzweise geschildert. Um den hier gestellten Anforderungen gerecht zu werden, braucht es viele Hände. Dies gilt generell für alle landwirtschaftliche Arbeit, die sich aus Naturnotwendigkeit täglich stellt – eine nicht enden wollende Vielheit! Dies gilt aber noch viel mehr für die zeitgerechte Präparatearbeit im Jahreslauf. Es ist der Arbeitsbereich der freien Selbstbestimmung. Er durchdringt, erweitert, bereichert und belebt den täglichen Pflichtenkreis.

Die Präparatearbeit kann unmittelbar das Interesse der Menschen anregen, auch wenn sie außerhalb der Landwirtschaft stehen. Das zeigt sich, wenn man den Knotenpunkten dieser Arbeit im Jahreslauf, in der Zeit um Ostern und Michaeli, einen festlichen Rahmen gibt und Menschen zur Mitwirkung einlädt. Mit einer Einführung zu Wesen und Bedeutung der anstehenden Arbeiten, wie beispielsweise dem Ausgraben der Präparate, die im Winter in der Erde geruht haben, oder dem Hörnerstopfen, der Füllung der Präparatehüllen, dem Eingraben teils in die Sommererde, zum größeren Teil in die Wintererde, dem Aufhängen in der Luft. Man geht dann gemeinsam an die Arbeit an vorbereiteten Tischen und hinaus mit Spaten und Schaufel in die Feldflur. Man erlebt in dieser ungewöhnlichen Arbeit eine erstaunliche Bereitschaft des ernsthaften Mitmachens und einer freudigen Offenheit. Man erlebt sich in gemeinsamer, sinnstiftender Tätigkeit. Nicht der Verstand, ein theoretisches Kalkül, ist angesprochen, sondern das tiefer ins Seelisch-Geistige reichende Gemüt, das Geschwister des Verstandes. Werden in dieser Art die Gemütskräfte angeregt, erwacht im Tun das Gefühl der Sinnhaftigkeit. Man erlebt sich in einer Arbeit, die Menschen unterschiedlichster Seelenhaltung zusammenführt, und dies in einem landwirtschaftlichen Zusammenhang, in welchem der handelnde Mensch im Mittelpunkt steht. In dieser Arbeit kann nach und nach das wahre «Geheimnis der Düngung der Erde» zur Willenserfahrung werden.

Die Mitwirkung von Menschen aus dem sozialen Umfeld schafft eine Art sozialen Mantel um den Hof, einen Gesinnungsumkreis im Hinblick auf die «Bildung der Erde». Er entsteht mit dem gemeinsamen Sammeln der Blüten der Präparatepflanzen und mit der Teilnahme an den Schritten der Präparation; er erweitert sich, wenn sich bereite Hände finden, die zeitgerechte Präparierung der Kompostmieten zu übernehmen. Besonders gilt das auch für die Mitwirkung beim Rühren der beiden Spritzpräparate sowie deren Ausbringung mit der Rückenspritze. Besonders lehrreich ist dabei das Rühren. Nach Zugabe einer geringen Dosis des Hornmist- oder Hornkieselpräparates in das mit handwarmem Regenwasser gefüllte Rührfass baut man mit stetig beschleunigter Drehbewegung des Rührbesens einen Wirbeltrichter auf. Ist dieser nicht mehr steigerbar, steuert man kurz dagegen, chaotisiert die Wassermasse und baut in der Gegenrichtung einen neuen Wirbeltrichter auf, und so im Wechsel eine Stunde lang. In diesem rhythmischen Auf- und Abbau erlebt man sich selbst als dessen Schöpfer. Man beobachtet in Gleichzeitigkeit mit der eigenen Willenstätigkeit, wie durch diese Polaritäten entstehen, Ruhe und Bewegung, Form und Chaos, Ausweitung und Zusammenziehung. Es sind von Menschenhand ausgeführte Prozesse der «Mitte», des Pulsschlages und der Atmung.

Auch dem «Rühren» ist ein soziales Element eigen. Es gelingt am besten, wenn man zu mehreren rührt, ein jeder mit seinem Fass. Daraus entsteht in aller Ernsthaftigkeit eine Stimmung der Heiterkeit, Leichtigkeit, Erzählfreude im freien Wollen.

In Bezug auf das Ausspritzen auf die Kulturen wird der Einfachheit halber und aus Mangel an helfenden Händen in der Regel die zapfwellenbetriebene Maschinenspritze eingesetzt. Doch auch hier stellt sich in Zukunft die Frage, ob nicht auch diese Arbeit, unter Einbeziehung des sozialen Umfeldes, in die Hand des Menschen gelegt werden sollte. Mit der Rückenspritze ausgerüstet, erschreitet man zu wiederholten Malen die ganze Gemarkung des Hoforganismus. Wie der Sämann einst in rhythmischem Schwung die Saat auswarf, schwingt man im Gleichmaß des Schreitens das Spritzgestänge hin und her und sieht, wie der Spritzbogen der fallenden Tröpfchen einem vorauswandert, womöglich in Regenbogenfarben erglänzend. Das Schreiten mit der Handspritze – und das zum wiederholten Mal in Frühjahr, Sommer und Herbst über die Felder, Wiesen und Weiden, über das Garten- und Obstgelände – steigert die Aufmerksamkeit für das ganzheitliche Gefüge des Hoforganismus. Das Identitätserleben zwischen Ich und der sich individualisierenden Geistnatur des Hofes wird real. Goethe bringt es in seinem Gedicht «Epirrhema»[55] in die Worte:

...
Nichts ist drinnen, nichts ist draußen:
denn was innen, das ist außen.
So ergreifet ohne Säumnis
Heilig öffentlich Geheimnis.
...

Das Vorstehende gilt ebenso für die Kompostpräparate. Auch hier kann die Mithilfe von Außenstehenden das Sein und Werden des Hoforganismus ebenso befruchten wie das erdverbundene Erkenntnisstreben. So beispielsweise, wenn jemand sich bereitfindet, die Präparierung von frisch aufgesetzten Kompost- oder Stallmistmieten zu übernehmen und beobachtend deren weitere Entwicklung zu verfolgen. Es gibt vielerlei Tätigkeiten, die für Menschen aus dem sozialen Umfeld für das Gedeihen des Hofes Bedeutung haben und zugleich für die betreffenden Menschen ein Feld der Forschung in der Praxis eröffnen. Ein solches Feld ist zum Beispiel, sich tiefer in die methodischen Bedingungen der sogenannten Unkrautsamen- und Insektenveraschung einzuarbeiten – eine Angabe Rudolf Steiners zur Unkräuter- und Schadinsektenregulierung. Ein weiteres Feld wäre die Mitwirkung bei der Gewinnung und Anzucht von Feinsämereien im Gemüse-, Feldfutter- und Kräuteranbau, die Betreuung eines Kräutergartens, vor allem im Hinblick auf dietätisches Beifutter für die Kuhherde. Ansonsten gibt es unzählige Arbeiten in der Pflege der Vogel- und Insektenwelt, der Hecken und Obstbäume (Schnitt, Stammanstriche, Nistkästen), die stete Sorge um eine blütenreiche Wildflora von Frühjahr bis Herbst sowie um die Schönheit und Harmonie des Landschaftsbildes insgesamt.

Was in der Landwirtschaft im Sinne der «Bildung der Erde» aus Geisteszielen zu tun ist, übersteigt das Maß der Leistbarkeit der wenigen, die heute auf der Grundlage des Organismusprinzips einen Hof betreiben. Der landwirtschaftliche Arbeitsplatz gilt als der teuerste überhaupt und ist zugleich derjenige mit der vergleichsweise geringsten Rendite. Das aber zeigt, dass er seiner Wesensnatur nach gar kein Arbeitsplatz im gewerblich-industriellen Sinne sein kann. Er ist ein kulturbegründender Arbeitsplatz, den – aus der Zukunft her gesehen – der Landwirt stellvertretend für seine Mitmenschen besorgt. Um dies einzusehen, ist das soziale Leben selbst als ein Ganzes, als ein sozialer Organismus zu erkennen, der sich in drei autonome Gebiete gliedert: ein freies geistig-kulturelles Leben, ein die Gleichheit praktizierendes Rechtsleben und ein solidarisch ausgerichtetes Wirtschaftsleben. Die Landwirtschaft, die ernsthaft im Sinn des Organismusprinzips arbeitet, ist ein Unternehmen, das tief im Geistesleben verankert ist. Der Landwirt darf sich aufgrund seiner Befähigung, einen biologisch-dynamischen Betrieb führen zu können, als Beauftragter seiner Mitmenschen verstehen. Diese Beauftragung kann in der Regel eine einzelne Familie nicht erfüllen. Die Mannigfaltigkeit der Aufgaben, die das Organismusprinzip in der Landwirtschaft stellt, fordert jetzt und in Zukunft gebieterisch die betriebliche Zusammenarbeit auf Augenhöhe, in Form von Verantwortungs-, Arbeits- oder Betriebsgemeinschaften. Ihre Arbeitsziele müssen gemeinsam geistig erarbeitet und zukunftsgerichtet sein. Aus ihnen erwächst der Wille zur selbstlosen Zusammenarbeit, zur Befähigung, aus dem Bewusstsein der Ganzheit des Hofes initiativ in dessen Gliedern zu wirken.

Ferner ist der gesellschaftliche Auftrag mit der Erwartung verbunden, dass der Hoforganismus bezüglich des Interesses und der Mitwirkung des sozialen Umfeldes kein in sich geschlossener, sondern ein durchaus offener ist. Die Mitwirkung belebt sich zu einer freudigen Stimmung, wenn sie initiativ gewollt und sachkundig geführt wird. Ein Schlüssel zu solcher Arbeitsstimmung ist die Präparatearbeit. Da werden viele fleißige Hände gebraucht. Der Hoforganismus wird, mit wachem Bewusstsein arbeitend, bis in den letzten Winkel erschlossen. Wie der Pflug in scherender, krümelnder Wendung der Furche den Boden, das Zwerchfellorgan, plastiziert, so bilden die vielen ideengetragenen Handgriffe der Präparatearbeit das Jahr hindurch sichtbar, fühlbar, aber auch unsichtbar an der Geistwirklichkeit des Hoforganismus. Unsichtbar ist die Art der Beziehung, welche sich von der «Mitte» aus zu dem Wesenhaften der Höhen und Tiefen entwickelt. Sichtbar werden die Wirkungen der Durchdringung der «Mitte» beispielsweise in der Entwicklung zur bodenständigen Dauerfruchtbarkeit, in der urbildlichen Typenprägung der fruchttragenden Kulturpflanzen, der Zugewandtheit der Haustiere gegenüber dem Menschen sowie deren Gesundheit und Langlebigkeit.

Bezüglich des Bodens verwirklicht sich das christliche Prinzip der Wesensdurchdringung vor allem durch die Düngung. Was in den Düngerpräparaten auf dem Weg der Durchdringung des Physischen in dem Elementenwirken des Lebendigen in der Substanzbildung und -umbildung und des Tierischen in der seelisch-astralen Formkraft zu einer Einheit in der Präparation heraufgebildet wurde, das erfüllt den Hinweis Rudolf

Steiners: «Düngung heißt die Belebung des Festen, Erdigen selbst.»[56] Diese Belebung erfasst das tote Mineralische, dasjenige, was im Zuge der Evolution aus dem lebendigen, seelischen und geistigen Weltenzusammenhang herausgefallen ist.

Das Verständnis von Wesen und Bedeutung der Düngerpräparate wächst erst im Tun. Man geht mit Stoffkompositionen um gleich wie mit einem komponierten Musikstück. Jede dieser Stoffkompositionen ist in ihrer Art Träger des wirksamen Geistes, der von der «Mitte» aus auf die Höhen und Tiefen wirkt. Mit den Stoffneuschöpfungen der Düngerpräparate wird ein Geistiges im Organismus des Hofes wirksam, das in diesem noch nicht ist, sondern erst durch Geist und Tat des Menschen wird. Das eingangs angeführte Zitat Rudolf Steiners, dass «eine Landwirtschaft [...] ihr Wesen [erfüllt], wenn sie aufgefasst werden kann als eine Art Individualität für sich, eine wirklich in sich geschlossene Individualität»[57] besagt doch, dass dieses «Wesen» in der gewordenen Natur nicht ist, sondern erst durch die «Auffassung» des Wesens der Individualität auf der Grundlage der Geistesforschung erarbeitet werden muss, die dann zielführend in und durch die Arbeit Wirklichkeit wird. Die Frucht der Erkenntnis der «Wesenserfüllung» hat Rudolf Steiner in der Darstellung der Düngerpräparate vorweggenommen und den praktizierenden Landwirten in die Herzen und Hände gesprochen. Wird diese Frucht Tathandlung, wächst mit dieser ein spirituelles Verstehen des Wesens des Hoforganismus. Dessen Bedeutung kann darin gesehen werden, dass er zum Leib desjenigen Wesens wird, das in dem obigen Zitat als eine «Art Individualität» angesprochen ist. Mit dem Vorstehenden ist das aus der Arbeit auf dem Hof aufblühende Geistesleben angesprochen und wie dieses ausstrahlend das Interesse und die Mitarbeit des sozialen Umfeldes wecken kann. Das Erleben im Willen stärkt und vertieft das Fühlen. In der Zusammenarbeit, die sich auf Dinge und Wesen in der Landwirtschaft richtet, erwächst ein Rechtsgefühl, beispielsweise hinsichtlich der Frage nach der

Berechtigung der Kauf- und Verkaufbarkeit von Grund und Boden sowie des Kapitals. Und ferner, wie die Rechte innerhalb einer Gemeinschaft zusammenarbeitender Menschen nicht in einer Geschäftsordnung definiert werden, sondern im Alltag aus dem sicheren Rechtsgefühl von Mensch zu Mensch erwachsen.

Desgleichen keimt vielerorts ein Bewusstsein auf für die besonderen wirtschaftlichen Belange der Landwirtschaft. Es kommt in dem Streben nach Vielseitigkeit in der Erzeugung sowie in einer Regionalisierung der Märkte zum Ausdruck; ebenso in der hofnahen handwerklichen Weiterverarbeitung und dem Versuch, die verschiedenen Gewerbe, die sich an die landwirtschaftliche Urproduktion anschließen, in Verarbeitung und Handel bis hin zu den Konsumenten, in wirtschaftlichen Assoziationen zu vereinigen. In diesen Assoziationen geht es darum, ein auf die wechselseitigen Bedürfnisse ausgerichtetes wirklichkeitsgemäßes Denken auszubilden.

Man kann anhand dieser von der Landwirtschaft aus in die soziale Wirklichkeit drängenden Entwicklung erkennen, dass die Handhabe des Organismusprinzips der Impulsierung der Dreigliederung des sozialen Organismus neue Perspektiven eröffnet.

Eine Schlussbetrachtung

Was Rudolf Steiner im «Landwirtschaftlichen Kurs»[58] als das «über der Erde», das Stoffwechselglied oder den «Bauch» der landwirtschaftlichen Individualität anspricht, «das unter der Erde» als deren «Kopf» und den Boden als deren Mitte, «das Zwerchfell», das bildet in Gesamtheit den Leib des landwirtschaftlichen Organismus. Diese Aussage aus der Geisteswissenschaft im Hinblick auf die landwirtschaftliche Individualität machte Rudolf Steiner 6 Monate nach der Weihnachtstagung, die 1923/24 anlässlich der Neubegründung der «Allgemeinen

Anthroposophischen Gesellschaft» stattfand. Diese Tagung stand im Zeichen der «Grundsteinmeditation»[59], in welcher der Geisterkenntnis im Wollen, Fühlen und Denken übende Mensch im Mittelpunkt steht. Es wird die makrokosmische Geistwirklichkeit der Höhen und Tiefen angesprochen und, in der Mitte stehend, das Erde- Sonnenwesen des Christus. Durch diese Meditation kann der Übende dahin geführt werden, dass für ihn geistig hörbar wird, was aus dem Wesenskräftequell der genannten drei Regionen zu ihm spricht.

In der von der anthroposophischen Geisteswissenschaft befruchteten Landwirtschaft wendet Rudolf Steiner den Blick von dem nach innen übenden zu dem nach außen übenden Menschen. Auch im letzteren Fall stehen wir wieder, vom Menschen ausgehend, vor der im Verborgenen der Natur waltenden Dreiheit der Höhen, der Tiefen und der dazwischen sich gliedernden Mitte, dem Boden-Zwerchfell. Letzteres aber entwickelt sich nicht durch die ihm innewohnenden Kräfte, sondern bedarf zu seinem Werden der Ich-geführten Arbeit des Menschen.

In der «Grundsteinmeditation» ist geisteswissenschaftlich zusammengefasst, was einst verborgen in den Mysterienstätten des Altertums an Weisheit lebte und nach außen in mächtigen mythologischen Bildern sich aussprach. Ein solcher Mythos wurde in den altgriechischen eleusinischen Mysterien gepflegt: Persephone, die Tochter der Demeter, der Göttin der Höhen, wird von dem Gott Pluto, dem Herrscher der Unterwelt, der Erdentiefen, geraubt. Aus den daraus folgenden langen Auseinandersetzungen zwischen Demeter und Pluto kommt schließlich die Vereinbarung zustande, dass Persephone, im Herbst herabsteigend, das Winterhalbjahr in den Tiefen bei Pluto zubringt und über das Sommerhalbjahr, im Frühjahr aufsteigend, wieder mit der Mutter Demeter vereint sein kann.[60] Ab- und aufsteigend durchdringt Persephone jedes Jahr die noch ganz naturhafte Mitte, den «Organismus im Naturwachstum». Plastische Bildwerke des klassischen Altertums zeigen Demeter und Persephone Getreidehalme und -ähren in der Hand haltend. Man kann diese künstlerisch-sakrale Darstellung urbildlich als das Ergebnis der rhythmischen Wiederkehr Persephones «von unten» durch die «Mitte» hindurch «nach oben» verstehen: ein Bild der Entstehung der nährenden Fruchtbildung bei den Nahrungspflanzen.

Weist dieses mythologische Bild nicht auf die heute bekannte Tatsache hin, dass die ältesten Kulturpflanzen die Urformen von Weizen und Gerste sind? Wachsen nicht die senkrechten Saugwurzeln der Getreide, wie das Wurzelwerk aller Erdenpflanzen, in das Dunkel der Erde herunter und strebt nicht der Getreidehalm, seine Blätter mitnehmend, vertikal den Strahlen der Sonne entgegen? Ist nicht die Stauung des Halmendes zur Ähre, die die Nahrungsfrucht birgt, ein Bild des überhöhenden Ausgleichs (Persephone) der polaren Kräfte des Pluto und der Demeter?

Der Demeter-Pluto-Persephone-Mythos weist darauf hin, dass die landwirtschaftliche Entwicklung vorgeschichtlicher Zeiten unter Mysterien-, das heißt unter Götterführung stand. Unter dieser Führung vollzog sich die erste Metamorphose des «Organismus im Naturwachstum» durch die Inkulturnahme des Organs der Mitte, des Bodens. Gegen die Zeitenwende hin, das Mysterium von Golgatha, erlosch diese Führung allmählich. Das Christentum brachte das Ich-Erwachen in der Menschheit. Eine erste Frucht war die Ich-gewollte Arbeit, die jetzt menschengeführte Durchdringung und Vereinigung dessen, was in den vorchristlichen Hochkulturen getrennt voneinander sich entwickelt hat; es vollzog sich «die Ehe von Ackerbau und Viehzucht» (Haustierwerdung), die Vereinigung der Kain- und Abelströmung, und damit der zweite Schritt zu einer Kulturmetamorphose im Werden des landwirtschaftlichen Organismus. Der Inaugurator dieses zweiten Schrittes war der erwachende Ich-Wille der Menschen. Der dritte Schritt in Metamorphose des ersten und zweiten ist in Gegenwart und Zukunft die Organismusgestaltung von innen heraus, aus dem voll zum Selbstbewusstsein erwachten Ich der Menschen. Er baut auf der Grundlage der Erkenntnisse der Geistesforschung Rudolf Steiners auf sowie auf den Trümmern des abendländisch-christlichen Bauerntums. In diesen Wegweisungen aus der Geistesforschung leuchtet in den Gedankenformen unserer Zeit der Mythos der eleusinischen Demeter-Mysterien wieder auf. Ganz augenscheinlich kommt dies in der abermaligen Handhabe des Durchdringungsprinzips, jetzt auf höherer Stufe, in der Art der Herstellung und Anwendung der biologisch-dynamischen Präparate zum Ausdruck. Jeder dieser Schritte bedeutet ein In-Beziehung-Setzen im Sinne einer Vereinigung der Höhen und der Tiefen aus der sich entwickelnden Mitte heraus. Die auf solche Einsichten sich gründenden Maßnahmen beleben den Hoforganismus von innen.

Die Eleusinien wurden im alten Griechentum zweimal im Jahr gefeiert, die kleinen Eleusinien zu Beginn des Frühjahrs, die großen Eleusinien zum Herbstanfang. Gewandelt und in geistiger Neubestimmung erschienen sie im Anbruch des Christentums wieder. Den polaren Zeitpunkten der Tag- und Nachtgleichen folgen in beweglichen Abständen Ostern, das Fest von Tod und Auferstehung, und, festgelegt auf den 29. September, Michaeli, das auf die Zukunft gerichtete Fest der freien Tat und des Seelenmutes. Beide Feste sind wie Knotenpunkte einer geistgeführten Arbeit an der Erde, die, durch sich selbst die Kluft zwischen Mensch und Natur überbrückend, festlichen Charakter haben und für das Osterfest, vor allem aber für die Gestaltung der Michaelfeier eine Bereicherung und Vertiefung innerer irdisch-kosmischer Erfahrbarkeit bedeuten können. In der Präparatearbeit, die den ganzen Jahreslauf und mit ihm die ganze Natur umfasst, treten beide Feste in eine innige Beziehung.

Das Frühjahrsfest der Eleusinien feierte die aufsteigende, das Herbstfest die absteigende Persephone. Beide Zeiten sind zugleich die Orientierungspunkte für die Zubereitung der Düngerstoffe der Präparate im Jahreslauf: das Osterfest im Hinblick auf das Innewerden des toten Mineralischen, des Gestorbenen in die Form und dessen Neubelebung, das Michaelifest, das, nach außen wirkend, seelenmutig freie Taten feiert, die sich auf die Vereinigung der Naturreiche, auf deren gegenseitige Durchdringung richten. Das methodische Vorgehen scheint sich, äußerlich betrachtet, zu gleichen. Doch ist auffallend, wie sich das im Geist begründete Geschehen beider Festeszeiten einerseits durchdringt, andererseits umkehrt. So überwiegt der Teil der Präparate, die zu Michaeli in das «Grab» der Erde im Winter versenkt und zur Osterzeit aus diesem wieder ans Tageslicht gebracht werden. Die Grablegung der Stofflichkeit der frisch zubereiteten Präparate und deren Erweckung zu höherer Lebensmacht dehnen sich über den ganzen Jahreslauf aus. Sucht man das Stoffgeheimnis der Düngung zu ergründen, ist der Weg dazu durch die Geistesforschung Rudolf Steiners vorgezeichnet. Man lernt verstehen, wie eine uralte Mysterienweisheit sich durch das Christusereignis von Tod und Auferstehung heraufverwandelt hat. Man lernt erkennen, wie durch die Ideenformen der Anthroposophie sowie durch Meditation, etwa die des «Grundsteins», sich die Seelenfähigkeiten des Denkens, Fühlens und Wollens schulen und auf diesem Weg abermals eine neue Metamorphose in die Zukunft eingeleitet werden kann. Die aus der Geisteswissenschaft verbürgte Wahrheit erschließt sich auf dem Weg des Denkens und Tuns, im «unbedingten Arbeiten».

Was einst Götterführung von oben war, wird freie Selbstführung des Menschen von unten.

Endnoten

1 Rudolf Steiner: Die geistigen Wesenheiten in den Himmelskörpern und Naturreichen, GA 136, Dornach 1960, siehe Ausführungen S. 8.

2 Die Lehre von den Hierarchien (siehe Abb. 1, 2 und 3 zu Mineral, Pflanze, Tier) ist seit dem Apostel Paulus Weisheitsgut des esoterischen Christentums geworden. Diese Strömung ist abseits des institutionellen Christentums durch die folgenden Zeiten wirksam geblieben. Sie geht auf Dionysius den Aeropagiten zurück, den Weisen von Athen jener Zeit und Schüler des Paulus. Er stand seinerseits noch in dem ausklingenden Weisheitsstrom der Mysterien von Eleusis. Diese Lehre weist auf eine Stufenfolge von neun Hierarchien hin, die mit der Hierarchie der Engel beginnt, gefolgt von der der Erzengel und der Archai, und hinaufreicht über die zweite Hierarchie der Geister der Form (Exusiai), der Geister der Bewegung (Dynamis) und der Geister der Weisheit (Kyriotetes) zu den hierarchischen Wesenheiten der Throne der Cherubim und Seraphim. Die Wirksamkeit dieser Hierarchienfolge steht hinter dem Menschen und der Schöpfung. Sie wird umfasst und überhöht von der «Dreifaltigkeit» oder Trichotomie (vgl. auch Emil Bock, Urchristentum IV, Paulus, Stuttgart 1954).

3 Rudolf Steiner: Geisteswissenschaftliche Grundlagen zum Gedeihen der Landwirtschaft. Landwirtschaftlicher Kurs. Dornach 1979, 2. Vortrag, S. 53 (in folgenden Fußnoten abgekürzt als LK).

4 Rudolf Steiner: Die Geheimwissenschaft im Umriss, GA 13, Stuttgart 1955.

5 Rudolf Steiner: Die geistigen Wesenheiten in den Himmelskörpern und Naturreichen, GA 136, Dornach 1960, 9. Vortrag.

6 Rudolf Steiner: Das Hereinwirken geistiger Wesenheiten in den Menschen. GA 102, Dornach 1984, 11. Vortrag, 1. Juni 1908.

7 LK, 2. Vortrag, S. 76.

8 LK, 2. Vortrag, S. 82.

9 LK, 2. Vortrag, S. 47.

10 Georges Adams: Von dem ätherischen Raume, Stuttgart 1964.

11 Johann Wolfgang von Goethe: Maximen und Reflexionen (573). Das Tier wird durch seine Organe belehrt, der Mensch belehrt die seinigen und beherrscht sie. Goethes Werke Band XII, Hamburger Ausgabe, München 1978, S. 443.

12 Rudolf Steiner: Weltenwesen und Ichheit, GA 169, Dornach 1963, 3. Vortrag; Dietrich Rapp, Hans-Christian Zehnter: Die zwölf Sinne in der seelischen Beobachtung. Eine Exkursion, Sentovision 2019.

13 Johann Wolfgang von Goethe: Weltanschauliche Gedichte, in: Goethes Werke, Band I, Hamburger Ausgabe, München 1978, S. 367.

14 Rudolf Steiner: Die Brücke zwischen der Weltgeistigkeit und dem Physischen der Menschen, GA 202, Dornach 1970, 10. Vortrag.

15 Rudolf Steiner: Eine okkulte Physiologie, GA 128, Dornach 1978, 7. Vortrag.

16 Rudolf Steiner: Welt, Erde und Mensch, GA 105, Dornach 1960, 3. Vortrag.

17 Rudolf Steiner: Das Hereinwirken geistiger Wesenheiten in den Menschen, GA 102, Dornach 1924, 11. Vortrag.

18 Rudolf Steiner: Anthroposophische Leitsätze, GA 26, Dornach 1976. Eine Weihnachtsbetrachtung: Das Logos-Mysterium.

19 Rudolf Steiner: Die Geheimwissenschaft im Umriß, GA 13, Stuttgart 1995.

20 Rudolf Steiner: Das Hereinwirken geistiger Wesenheiten in den Menschen, GA 102, Dornach 1984, 12. Vortrag, S. 200.

Rudolf Steiner: Die geistigen Wesenheiten in den Himmelskörpern und Naturreichen, GA 136, Dornach 1960, 9. Vortrag, S. 162 und S. 169–170.

21 Rudolf Steiner: Die geistigen Wesenheiten in den Himmelskörpern und Naturreichen, GA 136, Dornach 1960, 9. Vortrag, S. 162 und S. 169–170.

22 Johann Wolfgang von Goethe: Wilhelm Meisters Wanderjahre. Zweiter Band. Betrachtungen im Sinne der Wanderer, Nr. 136, S. 304. Goethes Werke Band VIII, Hamburger Ausgabe, München 1977.

23 LK, 2. Vortrag, S. 44.

24 LK, 4. Vortrag, S. 103.

25 LK, 2. Vortrag, S. 42.

26 LK, 2. Vortrag S. 49/50.

27 Rudolf Steiner: Das Miterleben des Jahreslaufes in vier kosmischen Imaginationen, Dornach 1984, 2. Vortrag, S. 23.

28 LK, 3. Vortrag, S. 82.

29 LK, 3. Vortrag, S. 83.

30 Rudolf Steiner: Die Geheimwissenschaft im Umriß, GA 13, Dornach 1989.

31 LK, 2. Vortrag, S. 44.

32 LK, 2. Vortrag, S. 41.

33 LK, 2. Vortrag, S. 58.

34 LK, 2. Vortrag, S. 58.

35 Rudolf Steiner: Der Mensch als Zusammenklang des schaffenden, bildenden und gestaltenden Weltenwortes, GA 230, Dornach 1988.

36 Rudolf Steiner: Der Mensch als Zusammenklang des schaffenden, bildenden und gestaltenden Weltenwortes, GA 230, Dornach 1988.

37 LK, 2. Vortrag, S. 49.

38 LK, 2. Vortrag, S. 49.

39 LK, 3. Vortrag, S. 82.

40 LK, 3. Vortrag, S. 83.

41 LK, Notizen, Blatt 12.

42 LK, 2. Vortrag, S. 59.

43 Frank Teichmann: Der Mensch und sein Tempel: Chartres, Stuttgart 2005, S. 63.

44 Der Ausdruck «Kirchspiel» bedeutet eine weilerartige Anordnung von Einzelhöfen mit einer zugehörigen einzelstehenden Kirche.

45 LK, 2. Vortrag, S. 49.

46 LK, 2. Vortrag, S. 42.

47 LK, 5. Vortrag, S. 122.

48 LK, 8. Vortrag, S. 234.

49 LK, Notizen, Blatt 30.

50 Manfred Klett: Von der Agrartechnologie zur Landbaukunst. Wesenszüge des biologisch-dynamischen Landbaus. Eine Landwirtschaft der Zukunft, Dornach 2021, S. 389 ff.

51 LK, 8. Vortrag, S. 126.

52 Jochen Bockemühl, Kari Järvinen: Auf den Spuren der biologisch-dynamischen Präparatepflanzen. Lebensorgane bilden für die Kulturlandschaft, Dornach 2005.

Erdmut-M. W. Hoerner: Die biologisch-dynamischen Präparate. Beiträge zu einem vertieften Verständnis ihres Wesens aus goetheanistischer, christologischer und geisteswissenschaftlicher Sicht, SchneiderEditionen 2018.

Manfred Klett: Von der Agrartechnologie zur Landbaukunst. Wesenszüge des biologisch-dynamischen Landbaus. Eine Landwirtschaft der Zukunft, Dornach 2021.

Manfred Klett (Hg.): Zur Frage der Düngung im biologisch-dynamischen Landbau. Elemente zum Verständnis des Schafgarbenpräparates, Dornach 1994.

53 Rudolf Steiner: LK, Vortrag Dornach, 20. Juni 1924, GA 327, Dornach 1957.

54 Gerhard Schulz (Hg.): Novalis Werke. Herausgegeben und kommentiert von Gerhard Schulz, München 1969, S. 330.

55 Johann Wolfgang von Goethe: Epirrhema, in: Gedichte und Epen, erster Band, Hamburger Ausgabe 1978, S. 358.

56 LK, 5. Vortrag, S. 122.

57 LK, 2. Vortrag, S. 42.

58 LK, 2. Vortrag, S. 45.

59 Rudolf Steiner: Die Weihnachtstagung zur Begründung der Allgemeinen Anthroposophischen Gesellschaft 1923/1924, GA 260, Dornach 1963.

60 Edith Lammerts van Bueren: Leben mit Persephone und die Zukunft der Pflanzenwelt, Dornach 2024.

Der Autor

Manfred Klett wurde 1933 in Tanganjika, dem heutigen Tansania, am Kilimandscharo geboren. Die Schulzeit verbrachte er u.a. an der Schule Schloss Salem und nach dem Zweiten Weltkrieg an der Waldorfschule Stuttgart, mit einjährigem Schüleraustausch in England. Ein Studium an der Technischen Hochschule Stuttgart nahm ein vorzeitiges Ende durch einen Unfall. Während eines einjährigen Arbeitsaufenthaltes im Nord-Osten Syriens entschloss er sich, Landwirt zu werden. Nach einer Lehre folgte das Studium der Landwirtschaft an der Universität Stuttgart-Hohenheim mit der Promotion im Fach Bodenkunde. Weitere vier Jahre waren der Forschung am Institut für biologisch-dynamische Wirtschaftsweise zum Thema «Düngung und Nahrungsqualität» gewidmet. 1968 markierte die Begründung der Betriebsgemeinschaft Dottenfelderhof (fünf Familien) und wenig später die der Landbauschule Dottenfelderhof. Nach zwanzigjähriger biologisch-dynamischer Aufbauarbeit mit Ehefrau und fünf Kindern übernahm er die Leitung der «Landwirtschaftlichen Abteilung der Naturwissenschaftlichen Sektion am Goetheanum» in Dornach/Schweiz. Nach vierzehnjähriger Tätigkeit und weiteren acht Jahren als freier Mitarbeiter an der mittlerweile umgegründeten «Sektion für Landwirtschaft» kehrte er auf den Dottenfelderhof zurück und nahm erneut eine Lehrtätigkeit an der dortigen Landbauschule auf. Daneben betreut er seit 21 Jahren das Dorfprojekt Juchowo in Polen. Es ist der Versuch, im östlichen Europa eine Pflanzstätte zu schaffen, in welcher die «Bildung der Erde» (Novalis) sich als eine soziale Aufgabe darstellt und «die soziale Frage» in der Bildung der Erde eine Antwort findet.